# Pro/ENGINEER 三维设计建模及 ANSYS Workbench 有限元仿真分析实例详解

朱春霞　张海权　**编著**

东北大学出版社

·沈　阳·

ⓒ 朱春霞 张海权 2018

**图书在版编目（CIP）数据**

Pro/ENGINEER 三维设计建模及 ANSYS Workbench 有限
元仿真分析实例详解 / 朱春霞，张海权编著. — 沈阳：
东北大学出版社，2018.8
ISBN 978-7-5517-1978-0

Ⅰ. ①P… Ⅱ. ①朱… ②张… Ⅲ. ①机械设计 - 计算
机辅助设计 - 应用软件 ②有限元分析 - 应用软件 Ⅳ.
①TH122

中国版本图书馆 CIP 数据核字（2018）第 184438 号

出 版 者：东北大学出版社
　　　　　地址：沈阳市和平区文化路三号巷 11 号
　　　　　邮编：110819
　　　　　电话：024-83687331（市场部）　83680267（社务部）
　　　　　传真：024-83680180（市场部）　83680265（社务部）
　　　　　网址：http://www.neupress.com
　　　　　E-mail：neuph@neupress.com
印 刷 者：沈阳市第二市政建设工程公司印刷厂
发 行 者：东北大学出版社
幅面尺寸：185mm×260mm
印　　张：12.75
字　　数：310 千字
出版时间：2018 年 8 月第 1 版
印刷时间：2018 年 8 月第 1 次印刷
策划编辑：汪子珺
责任编辑：李　佳
责任校对：王　君
封面设计：潘正一
责任出版：唐敏志

ISBN 978-7-5517-1978-0　　　　　　　　定 价：48.00 元

# 前　言

Pro/ENGINEER 是一款功能强大的三维 CAD/CAE/CAM 软件系统，应用范围涉及多个领域，能够进行复杂零件的设计、制造和分析等工作。ANSYS Workbench 是一款强大的有限元分析处理工具，应用范围同样广泛。但两者各有优缺点，Pro/ENGINEER 进行有限元分析的能力与 ANSYS Workbench 相比较弱，而 ANSYS Workbench 进行复杂零件建模的功能又不如 Pro/ENGINEER 方便、快捷。因此，本书主要结合二者优势功能，介绍 Pro/ENGINEER 5.0 的三维建模过程和其中一部分模型导入 ANSYS Workbench 15.0 进行有限元分析的操作过程。

（1）本书特点

本书讲解细致、步骤详尽，从软件的基础操作讲起，再结合生活实际及机械等领域的经典实例进行介绍，使读者可以更熟练地掌握使用技巧。此外，本书系统地描述了零件建模及进行有限元分析的整个过程，便于读者学习。

（2）本书内容

本书共有 6 章，主要分三个部分进行介绍。其中，第 1 章对 Pro/ENGINEER 5.0 和 ANSYS Workbench 15.0 进行了基础性介绍；第 2~4 章从草图绘制、零件设计和装配体设计等方面介绍了 Pro/ENGINEER 5.0 的一些具体操作过程；第 5~6 章主要介绍使用 ANSYS Workbench 15.0 进行有限元分析的过程。

（3）读者对象

本书内容主要针对 Pro/ENGINEER 和 ANSYS Workbench 的初学者而编写，又适用于有一定基础的工程技术人员。本书内容清晰、简洁，可以引导读者在短时间内掌握零件三维设计及对其进行有限元分析的整个过程。

本书在编写过程中，力求做到准确、完善，但由于编者水平有限，不免有疏漏之处，望广大读者及时予以指正。

最后，希望本书能够为读者的学习和工作提供帮助。

编　者
2018 年 5 月

# 目　录

# 第 1 章　绪　论

本章详细介绍了三维建模软件 Pro/ENGINEER 的发展历程、设计理念、工作环境、文件管理基本操作、模型显示基本操作等内容。通过对本章的学习，使读者对 Pro/ENGINEER 5.0 的构造和工作方式有基本了解，能够运用其进行一些简单的操作，便于以后建模实例的学习。此外，又介绍了有限元分析软件 ANSYS Workbench 的软件界面、分析项目管理等内容，为以后对 Pro/ENGINEER 建立的三维模型进行有限元分析打下基础。

## 1.1　Pro/ENGINEER 软件概述

Pro/ENGINEER（Pro/E）操作软件是美国参数技术公司（PTC）旗下的一款三维软件。Pro/ENGINEER 软件以参数化著称，是参数化技术的最早应用者，在目前的三维造型软件领域中占有重要的地位。Pro/ENGINEER 作为当今世界机械 CAD/ CAE/ CAM 领域的新标准而得到业界的认可和推广，是现今主流的 CAD/ CAE/ CAM 软件之一，特别是在国内产品设计领域占据重要的位置。Pro/ENGINEER 是当今世界上最普及的三维 CAD/CAE 系统软件之一，具有零件设计、产品装配、模具开发、钣金设计、NC 开发、造型设计、机构仿真和铸造件设计等强大功能，在航空航天、机械、电子、汽车、家电及玩具等工程设计领域中，大量设计任务是通过它来完成的。

（1）Pro/ENGINEER 软件包含多个模块

①草绘模块：用于绘制和编辑二维平面草图。

②零件模块：用于创建和编辑三维模型，即进行三维零件设计。

③装配模块：将各相关零件组装在一起，形成一个完整的产品。

④工程图模块：用于绘制工程图。

⑤曲面模块：用于创建各种类型的曲面。

⑥数控（NC）加工模块：在数控（NC）加工模块中，当用户设定加工环境和加工参数后，系统能够自动生成零件加工的刀位文，并能在屏幕上模拟加工过程。

⑦仿真分析模块：可以让工程师对结构、动力学、热传导及疲劳等性能进行虚拟测试，并据此进行优化设计。

（2）Pro/ENGINEER 软件的主要特性

①参数化设计：对于产品而言，我们可以把它看成几何模型，无论多么复杂的几何模型，都可以分解成有限数量的构成特征，而每一种构成特征，都可以用有限的参数完全约束，这就是参数化的基本概念。但是，无法在零件模块下隐藏实体特征。参数化设计极大地方便了特征的创建过程。

②基于特征建模：Pro/ENGINEER 是基于特征的实体模型化系统，工程设计人员采

用具有智能特性的基于特征的功能去生成模型，如腔、壳、倒角及圆角，使用者可以随意勾画草图，轻易改变模型。这一功能特性给工程设计者提供了在设计上从未有过的简易和灵活。

③单一数据库：Pro/ENGINEER 是建立在统一基层的数据库上，不像一些传统的 CAD/CAM 系统建立在多个数据库上。在整个设计过程的任何一处发生改动，也可前后反映在整个设计过程的相关环节上。例如，一旦工程详图有改动，数控（NC）工具路径也会自动更新；组装工程图如有任何变动，也完全同样反映在整个三维模型上。这种独特的数据结构与工程设计的完整结合，使得设计更优化、成品质量更高、产品能更好地推向市场、价格也更便宜。

## 1.2 Pro/ENGINEER 5.0 工作环境

### 1.2.1 Pro/ENGINEER 5.0 启动与退出

（1）启动
①双击 Windows 桌面上的 Pro/ENGINEER 5.0 软件快捷方式图标。
②在 Windows 系统"开始"菜单中找到"Pro/ENGINEER 5.0"，单击打开。
（2）退出
①执行"文件"中的"退出"命令。
②单击 Pro/ENGINEER 5.0 应用程序主窗口标题栏右上端的关闭图标。

### 1.2.2 Pro/ENGINEER 5.0 工作界面

Pro/ENGINEER 5.0 工作界面主要由标题栏、菜单栏、工具栏、导航栏、绘图区、信息栏和过滤器等组成，如图 1-1 所示。

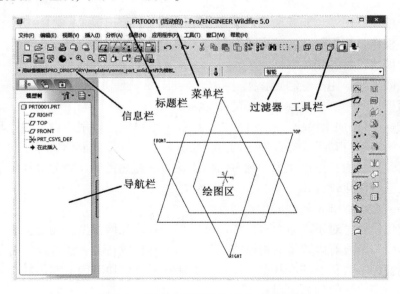

图 1-1　Pro/ENGINEER 5.0 工作界面

①标题栏：位于主界面的顶部，用于显示当前正在运行的 Pro/ENGINEER 5.0 应用程序名称和打开的文件名等信息。

②菜单栏：位于标题栏的下方，默认共有 10 个菜单项，包括"文件""编辑""视图""插入""分析""信息""应用程序""工具""窗口""帮助"等。单击菜单项将打开对应的下拉菜单，下拉菜单对应 Pro/ENGINEER 的操作命令。但调用不同的模块，菜单栏的内容会有所不同。

③工具栏：工具栏是 Pro/ENGINEER 为用户提供的又一种调用命令的方式。位于绘图区顶部的为系统工具栏，位于绘图区右侧的为特征工具栏。单击工具栏图标按钮，即可执行该图标按钮对应的 Pro/ENGINEER 命令。

④导航栏：位于绘图区的左侧，在导航栏顶部依次排列着"模型树"、"文件夹浏览器"、"收藏夹"和"连接"四个选项卡。模型树以树状结构按照创建的顺序显示当前活动模型所包含的特征或零件，可以利用模型树选择要编辑、排序或重定义的特征。

⑤绘图区：位于界面中间的空白区域。在默认情况下，背景颜色是灰色，用户可以在该区域绘制、编辑和显示模型。

⑥信息栏：信息栏显示当前窗口中操作的相关信息与提示。

⑦过滤器：利用过滤器可以设置要选取特征的类型，这样，可以快捷地选取到要操作的对象。

## 1.3 Pro/ENGINEER 5.0 文件管理基本操作

### 1.3.1 建立工作文件目录

"设置工作目录"命令可以直接按设置好的路径，在指定的目录中打开和保存文件。建立方式如下：

①选择菜单栏中"文件"下拉菜单中的"设置工作目录"命令，将弹出如图 1-2 所示"选取工作目录"对话框；

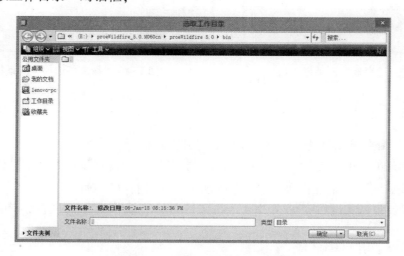

**图 1-2 "选取工作目录"对话框**

②选择目标路径设置工作目录；

③单击"确定"按钮。

### 1.3.2 新建文件

在 Pro/ENGINEER 中可以利用"新建"命令调用相关的功能模块，创建不同类型的新文件。创建方式如下：

①选择菜单栏中"文件"下拉菜单中的"新建"命令（或单击系统工具栏中的"新建"图标按钮 ），系统将弹出如图 1-3 所示"新建"对话框；

②在"类型"选项组中，选择相关的功能模块单选按钮。系统默认为"零件"模块，子类型模块为"实体"；

③在"名称"文本框中输入文件名；

④单击"确定"按钮（也可以设置模板类型，即取消选中"使用缺省模板"复选框。再单击"确定"按钮，将弹出如图 1-4 所示"新文件选项"对话框，选择模板类型）。

图 1-3 "新建"对话框（1）　　　　　　图 1-4 "新文件选项"对话框

### 1.3.3 打开文件

"打开"命令可以打开已保存的文件。打开方式如下：

①选择菜单栏中"文件"下拉菜单中的"打开"命令（或单击系统工具栏中的"新建"图标按钮 ），系统将弹出如图 1-5 所示"文件打开"对话框；

②选择要打开文件所在的文件夹，在文件名称列表框选中该文件，单击"预览"按钮；

③单击"打开"按钮。

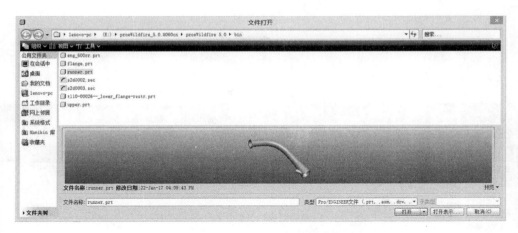

**图 1-5 "文件打开"对话框**

### 1.3.4 保存文件

可以利用"保存"命令保存文件。保存方式如下：

①选择菜单栏中"文件"下拉菜单中的"保存"命令（或单击系统工具栏中的"保存"图标按钮 ），系统将弹出如图 1-6 所示"保存对象"对话框；

②指定文件的保存路径；

③单击"确定"按钮。

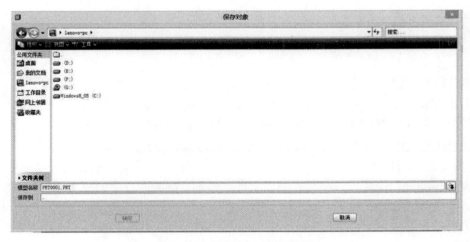

**图 1-6 "保存对象"对话框**

### 1.3.5 保存副本

"保存副本"命令可以用新文件名保存当前图形或保存为其他类型的文件。保存副本方式如下：

①选择菜单栏中"文件"下拉菜单中的"保存副本"命令，系统将弹出如图 1-7 所

示"保存副本"对话框；

②在"新建名称"文本框中输入新文件名；

③单击"类型"下拉列表框，选择文件保存的类型；

④单击"确定"按钮。

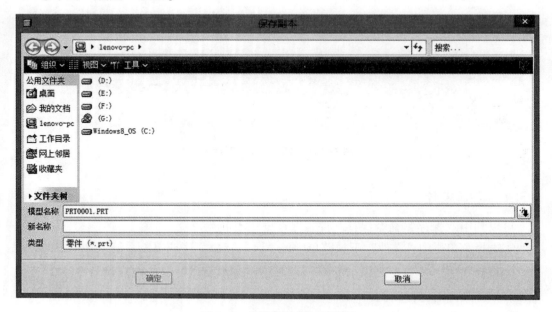

**图1-7 "保存副本"对话框**

## 1.3.6 关闭与拭除文件

（1）关闭文件

即关闭当前模型工作窗口。关闭方式有以下3种：

①选择菜单栏中"文件"下拉菜单中的"关闭窗口"命令；

②选择菜单栏中"窗口"下拉菜单中的"关闭口"命令；

③单击当前模型工作窗口标题栏右端的图标按钮 **×** 。

（2）拭除文件

即"拭除"命令可以拭除内存中的文件，但不会删除硬盘中的原文件。

拭除当前文件方式如下：

①选择菜单栏中"文件"下拉菜单中的"拭除"命令中的"当前"选项，系统将弹出如图1-8所示"拭除确认"对话框；

②单击"是"按钮，则将当前活动窗口中的零件文件从内存中删除。

拭除不显示文件方式如下：

①选择菜单栏中"文件"下拉菜单中的"拭除"命令中的"不显示"选项，系统将弹出如图1-9所示"拭除未显示的"对话框；

②单击"确定"按钮，则将所有没有显示在当前窗口中的零件文件从内存中删除。

图 1-8 "拭除确认"对话框            图 1-9 "拭除未显示的"对话框

### 1.3.7 删除文件

"删除"命令可以删除当前零件的所有版本文件，或仅删除其所有旧版本文件。

（1）删除所有版本文件方式

①选择菜单栏中"文件"下拉菜单中的"删除"命令中的"所有版本"选项，系统将弹出如图 1-10 所示"删除所有确认"对话框；

②单击"是"按钮，则删除当前零件的所有版本文件。

图 1-10 "删除所有确认"对话框

（2）删除旧版本文件方式

①选择菜单栏中"文件"下拉菜单中的"删除"命令中的"旧版本"选项，系统将弹出如图 1-11 所示"输入其旧版本要被删除的对象"对话框；

②输入要被删除的对象的文件名；

③单击 按钮，则该零件文件的旧版本将会被删除，系统只保留最新版本。

图 1-11 "输入其旧版本要被删除的对象"对话框

## 1.4 Pro/ENGINEER 5.0 模型显示的基本操作

### 1.4.1 模型的显示

在 Pro/ENGINEER 中模型的显示方式有四种，可以单击下拉菜单看"视图"—"显示设置"—"模型显示"命令，在"模型显示"对话框中设置，也可以单击系统工具栏中下列图标按钮来控制。

① 📋 线框：使隐藏线显示为实线，如图 1-12 所示。

② 📋 隐藏线：使隐藏线以灰色显示，如图 1-13 所示。

③ 🔲 消隐：不显示隐藏线，如图 1-14 所示。

④ 🔲 着色：模型着色显示，如图 1-15 所示。

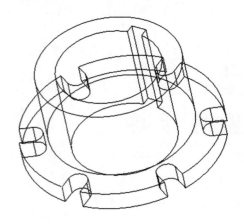

图 1-12 "线框"显示方式

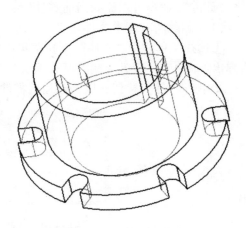

图 1-13 "隐藏线"显示方式

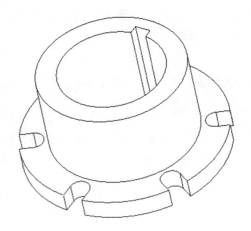

图 1-14 "消隐"显示方式

图 1-15 "着色"显示方式

## 1.4.2 模型的观察

为了从不同角度观察模型局部细节，需要放大、缩小、平移和旋转模型。在 Pro/ENGINEER 中，可以用三键鼠标来完成下列不同的操作。

①旋转模型：按住鼠标中键+移动鼠标。

②翻转模型：按住鼠标中键+Ctrl 键+水平移动鼠标。

③平移模型：按住鼠标中键+Shift 键+移动鼠标。

④缩放模型：按住鼠标中键+Ctrl 键+垂直移动鼠标。

⑤动态缩放模型：转动鼠标中键滚轮。

另外，系统工具栏中还有以下与模型观察相关的图标按钮，其操作方法类似于 AutoCAD 中的相关命令。

① 缩小：缩小模型。

② 放大：窗口放大模型。

③ 重新调整：相对屏幕重新调整模型，使其完全显示在绘图窗口。

## 1.4.3 模型的定向

（1）选择默认的视图

在建模过程中，有时还需要按常用视图显示模型。可以单击系统工具栏中图标按钮，在其下拉列表中选择默认的视图，如图 1-16 所示，其中包括：标准方向、缺省方向、BACK、BOTTOM、FRONT、LEFT、RIGHT 和 TOP。

**图 1-16　保存的视图列表**

（2）定向的视图

除了选择默认的视图，用户可根据需要重新定向视图，具体操作步骤如下：

①单击系统工具栏中的 图标按钮，将弹出如图 1-17 所示的"方向"对话框；

**图1-17 "方向"对话框**

②选取FRONT基准平面为参照1，如图1-18所示；
③选取TOP基准平面为参照2；
④单击"保存的视图"按钮，在名称文本框中输入"001"，单击"保存"按钮；

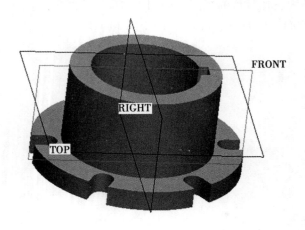

**图1-18 DTM1选取平面作为参照**

⑤单击"确定"按钮，模型显示如图1-19所示。同时，"001"视图保存在如图1-19所示视图列表中。

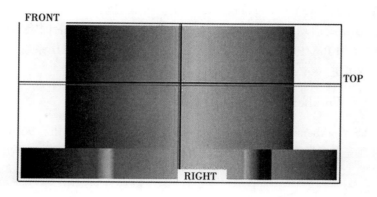

**图 1-19 "001" 视图**

## 1.5 ANSYS Workbench 软件概述

ANSYS 公司在 2002 年发布 ANSYS 7.0 的同时，正式推出了前后处理和软件集成环境 ANSYS Workbench Environment（AWE）。Workbench 所提供的 CAD 双向参数链接互动、项目数据自动更新机制、全面的参数管理、无缝集成的优化设计工具等，使 ANSYS 在仿真驱动产品设计（simulation driven product development）方面达到了前所未有的高度。

在 ANSYS 15.0 版本中，ANSYS 对 Workbench 架构进行了全新设计，全新的项目视图（project schematic view）功能改变了用户使用 Workbench 仿真环境（simulation）的方式。在一个类似流程图的图表中，仿真项目中的各项任务以互相连接的图形化方式清晰地表达出来，可以非常容易地理解项目的工程意图、数据关系、分析过程的状态等。项目视图系统使用起来非常简单：直接从左边的工具箱（toolbox）中将所需的分析系统拖拽到右边的项目视图窗口中或双击即可。工具箱中的分析系统（analysis systems）部分，包含了各种已预置好的分析类型（如显式动力分析、FLUENT 流体分析、结构模态分析、随机振动分析等），每一种分析类型都包含完成该分析所需的完整过程（如材料定义、几何建模、网格生成、求解设置、求解、后处理等过程），按照其顺序逐步往下执行即可完成相关的分析任务。当然，也可从工具箱中的 Component Systems 里选取各个独立的程序系统，自己组装成一个分析流程。选择或定制好分析流程后，Workbench 平台将能自动管理流程中任何步骤发生的变化（如几何尺寸变化、载荷变化等），自动执行流程中所需的应用程序，从而自动更新整个仿真项目，极大缩短了更改设计所需的时间。

## 1.6 ANSYS Workbench 15.0 软件界面

### 1.6.1 启动 ANSYS Workbench 15.0

ANSYS Workbench 安装完成后，有如下两种启动方式。

①双击桌面上的 ANSYS Workbench 15.0 快捷方式启动。

②通过 CAD 系统启动：较高版本的 ANSYS Workbench 在安装时会自动嵌入到其他的 CAD 系统中（如 Pro/ENGINEER、SolidWorks、UG 等三维 CAD 系统），通过这些嵌入的菜单命令即可进入 ANSYS Workbench。

### 1.6.2　ANSYS Workbench 15.0 工作界面

打开 ANSYS Workbench 15.0 的启动界面后，单击"OK"按钮，关闭 Getting Started 对话框后，出现完整的软件界面，如图 1-20 所示。该界面主要包括如下几部分。

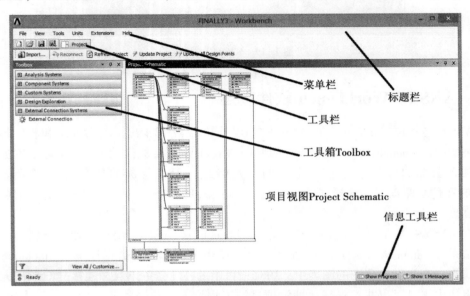

图 1-20　ANSYS Workbench 15.0 工作界面

①标题栏：位于界面顶部，显示待分析项目的名称。

②菜单栏：位于标题栏下方，提供常见的菜单操作。需要注意的是 Units 菜单，该菜单提供了不同的单位制供用户选择，默认情况下采用米-千克公制单位制。

③工具栏：位于菜单栏下方，第一行图标提供常见的菜单操作快捷方式，同时，还包括一个 Project 标签；第二行图标提供常见的分析项目操作快捷方式。

④工具箱 Toolbox：位于窗口的左侧，提供分析所需系统的接入方式。

⑤项目视图 Project Schematic：位于窗口主体的右侧，提供分析项目的图示（或称为项目工程图，如图 1-21 所示）。

⑥信息工具栏：位于窗口的下部，用于显示分析项目的状态和显示相关信息的接入方式。

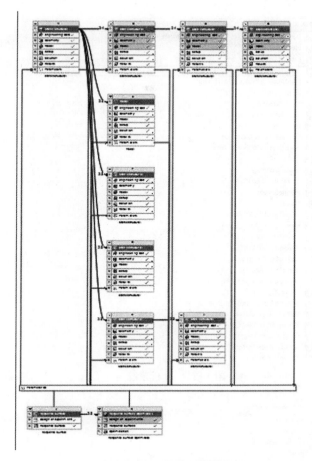

图 1-21  项目工程图示例

# 1.7  ANSYS Workbench 15.0 项目工程图

## 1.7.1  项目工程图组成

项目工程图由位于左侧的 Toolbox 中提供的功能组件构成，这些组件包括分析系统（analysis systems，如图 1-22 所示）、组件系统（component systems，如图 1-23 所示）、定制系统（custom systems，如图 1-24 所示）和设计优化系统（design exploration，如图 1-25 所示）。

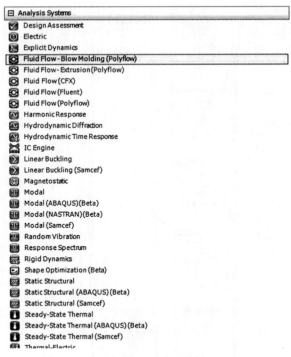

图1-22　分析系统

图1-23　组件系统

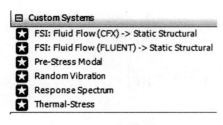

图 1-24　定制系统　　　　　　　　图 1-25　设计优化系统

### 1.7.2　项目工程图基本操作

（1）添加系统

ANSYS Workbench 15.0 提供以下三种方法向项目工程图中添加新的系统。

①在 Toolbox 中双击系统图标。

②从 Toolbox 中拖拽图标到项目工程图所在区域，并松开鼠标键。

③鼠标右键单击项目工程图，并从弹出的快捷菜单中选择合适的系统。

（2）命名系统

在操作中，可以在系统建立时直接命名或对已有的系统进行重命名。

①直接命名：在添加系统后，系统下的文字框通常为高亮状态，这时，可以通过编辑文字进行命名。

②重新命名：在已有的系统中，可以通过使用鼠标单双击文字框高亮显示的系统名称，然后进行命名。

（3）创建并连接系统

连接系统可以使不同系统之间的数据实现共享，这样，可以快捷方便地实现多物理耦合分析与多步骤分析等。可以使用如下方法连接系统。

①连接已有系统：从一个系统中拖拽共享项到另一个系统中的相应位置。

②创建新的待连接系统：可以从 Toolbox 中拖拽相应的图标到已有系统待分享数据项的位置上，或在已有系统待分享数据项上单击鼠标右键选择相应的系统。

（4）复制及删除项目

将鼠标移动到相关项目的第 1 栏（A1）并单击鼠标右键，在弹出的快捷菜单中选择 Duplicate（复制）命令，即可复制项目。

将鼠标移动到项目的第 1 栏（A1）并单击鼠标右键，在弹出的快捷菜单中选择 Delete（删除）命令，即可将项目删除。

## 1.8　本章小结

本章分别对三维建模软件 Pro/ENGINEER 5.0 和有限元分析软件 ANSYS Workbench 15.0 进行了简单介绍，使读者对其工作界面和基本操作有了基本了解，为以后建模分析实例的学习提供了便利。

# 第 2 章　二维草图绘制

草图绘制是三维建模的基本操作，对后续三维建模的学习起着至关重要的作用，本章主要介绍二维草图绘制的一些基本操作，并且通过一些综合应用实例进一步详细介绍草图绘制的过程，有助于初学者快速掌握草图的绘制方法。

## 2.1　二维草图绘制基础

本节主要介绍草图绘制的一些基本知识。

### 2.1.1　草绘环境

在 Pro/ENGINEER 中，二维草绘的环境被称为"草绘器"，进入草绘环境有以下两种方式。

①由"草绘"模块直接进入草绘环境。创建新文件时，在如图 2-1 所示的"新建"对话框中的"类型"选项组内选择"草绘"，并在"名称"编辑框中输入文件名称后，可直接进入草绘环境。在此环境下，直接绘制二维草图，并以扩展名".sec"保存文件。此类文件可以导入到零件模块的草绘环境中，作为实体造型的二维截面；也可导入到工程图模块中，作为二维平面图元。

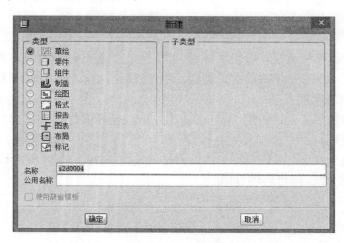

图 2-1　在"新建"对话框中选择"草绘"

②由"零件"模块进入草绘环境。创建新文件时，在"新建"对话框中的"类型"选项组内选择"零件"，进入零件建模环境。在此环境下，通过选择"基准"工具栏中的草绘工具 图标按钮，进入"草绘"环境，绘制二维截面，可以供实体造型时选用。

或是在创建某个三维特征命令中，系统提示"选取一个草绘"时，进入草绘环境，此时，所绘制的二维截面属于所创建的特征。

进入二维草绘的环境后，将显示如图 2-2 所示的工作界面。该界面是典型的 Windows 应用程序窗口，主要包括标题栏、导航区、菜单栏、工具栏、草绘区和信息栏等。

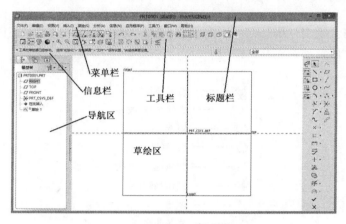

图 2-2  草绘界面

工具栏可位于窗口的顶部、右侧和左侧，采用拖动的方式可以改变工具栏的位置。在任意一工具栏上单击右键，将弹出如图 2-3 所示的快捷菜单，选择需要显示或隐藏的某一工具栏，控制其显示与否。当选择"工具栏"选项时，将打开"定制"对话框的"工具栏"选项卡，在其中也可以设置工具栏的显示与位置，如图2-4所示。在绘制二

图 2-3  快捷菜单

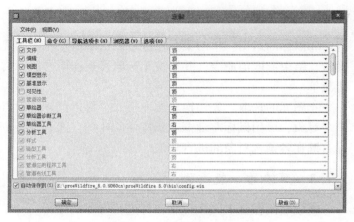

图 2-4  "定制"对话框

维草图时，应显示"草绘器"和"草绘器工具"工具栏。

## 2.1.2 草绘方法

①草绘界面的三大要素：二维几何图形、尺寸标注和约束，如图2-5所示为草绘工具栏。

②草绘思路：绘出二维几何图形的大致形状，标注尺寸并修改至正确尺寸值，之后系统会依照尺寸值自动修正几何图形。

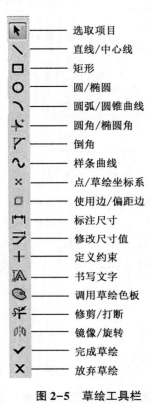

图2-5 草绘工具栏

选取项目
直线/中心线
矩形
圆/椭圆
圆弧/圆锥曲线
圆角/椭圆角
倒角
样条曲线
点/草绘坐标系
使用边/偏距边
标注尺寸
修改尺寸值
定义约束
书写文字
调用草绘色板
修剪/打断
镜像/旋转
完成草绘
放弃草绘

③鼠标的运用：单击鼠标左键可以选取对象、绘制几何图形等；单击鼠标中键可以确认、结束或取消命令，并切换至选取模式；单击鼠标右键可以切换选取对象或弹出快捷菜单。

④图元的选取：先切换至选取模式，再以鼠标左键点选图元对象。如果一次要选取多个对象，可用鼠标左键框选或按住 Ctrl 键点选。若某位置有多个重叠对象，可单击鼠标右键在各预选对象间进行切换。

## 2.1.3 草绘的一般步骤

①绘制出截面的大致形状，并进行必要的编辑。
②指定几何图元的限制条件，包括标注尺寸和添加约束。
③将所有尺寸的数值修改至设计值并重新生成。

## 2.2　综合应用草图实例一

### 2.2.1　实例概述

本例主要介绍如图 2-6 所示手柄草图的绘制过程，重点介绍了二维草图的绘制过程和一些绘制草图的基本操作。在绘制本例的过程中，先用中心线、直线、圆弧、圆、镜像等命令绘制草图的大体轮廓，然后添加约束、标注尺寸，最终得到草图。

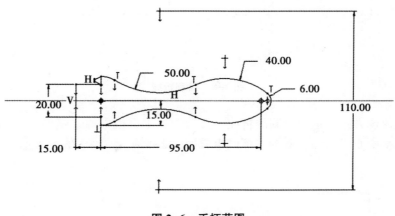

图 2-6　手柄草图

### 2.2.2　绘制步骤

（1）新建文件

单击"文件"—"新建"命令，或单击"新建文件"按钮，系统将弹出"新建"对话框，在对话框中选择草绘选项，在名称后的文本框中输入草图名称"s2d0001"，单击"确定"按钮（如图 2-7 所示），即可进入草绘环境。

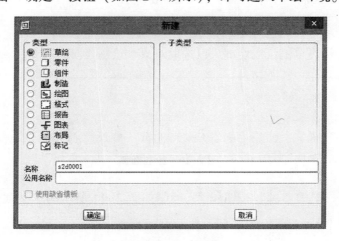

图 2-7　"新建"对话框（2）

（2）绘制轮廓及添加约束

①单击工具栏中的"中心线"按钮 ，在绘图区中画一条水平的中心线，然后单击"直线"按钮 ，以中心线上的一点为直线的起点，连续绘制如图2-8所示的折线。

**图2-8 绘制折线**

②采用窗选方式，选取绘制的折线，然后单击工具栏中的"镜像"按钮 ，接着，单击水平中心线作为对称轴，可以生成如图2-9所示镜像后的图形。

**图2-9 镜像后的图形**

③单击工具栏中的"三点圆弧"按钮 ，然后单击折线的两个端点，并选取合适位置单击另一点，绘制一个半圆弧，如图2-10所示。

**图2-10 绘制圆弧**

④单击工具栏中的"圆"按钮 ，绘制如图2-11所示的三个圆。在绘制时需注意圆之间的相切关系。

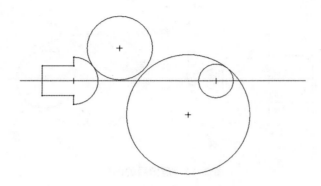

**图 2-11　绘制圆**

⑤单击工具栏中的"相切"按钮 <sup>9</sup>▸，令中心线上下的两个圆相切，如图 2-12 所示。

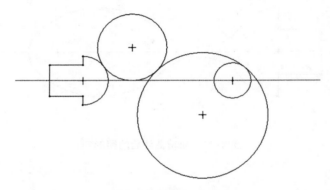

**图 2-12　令圆相切**

⑥单击"删除段"按钮 ，单击需要修剪的部分，可以得到如图 2-13 所示的效果。

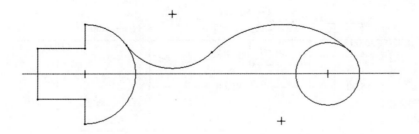

**图 2-13　删除多余线段**

⑦选取修剪后剩下的两端圆弧，然后单击工具栏中的"镜像"按钮 ，接着，单击水平中心线作为对称轴，可以生成如图 2-14 所示的图形。

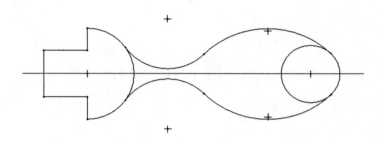

**图2-14 镜像后的图形**

⑧单击"删除段"按钮 ✂，单击需要修剪的部分，可以得到如图2-15所示的图形。

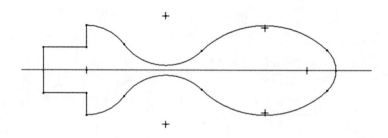

**图2-15 修剪曲线后的图形**

（3）标注尺寸

单击"标注"按钮 ⬌▸ ，依次标注如图2-16所示的图形尺寸。

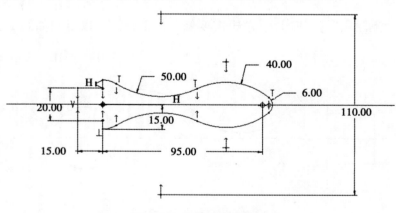

**图2-16 最终的手柄草图**

（4）保存

单击系统工具栏中的"保存"图标按钮 💾 ，指定文件保存的路径，最后单击"确定"按钮保存草图。

## 2.3　综合应用草图实例二

### 2.3.1　实例概述

本例主要介绍如图 2-17 所示的截面草图的绘制过程。在绘制本例的过程中，先用中心线、直线、圆、镜像等命令绘制草图的大体轮廓，然后添加约束、标注尺寸，最终得到草图。

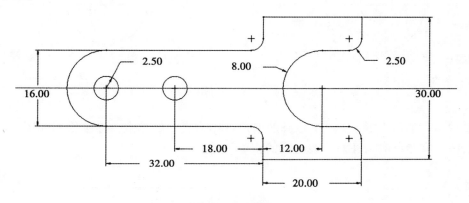

图 2-17　草图

### 2.3.2　绘制步骤

（1）新建文件

单击"文件"—"新建"命令，或单击"新建文件"按钮 ，系统将弹出"新建"对话框，在对话框中选择草绘选项，在名称后的文本框中输入草图名称"s2d0006"，单击"确定"按钮（如图 2-18 所示），即可进入草绘环境。

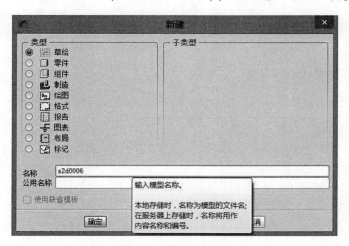

图 2-18　"新建"对话框（3）

（2）绘制轮廓及添加约束

①单击工具栏中的"中心线"按钮，在绘图区画一条水平的中心线，然后单击工具栏中的"圆"按钮，绘制如图2-19所示的4个圆。

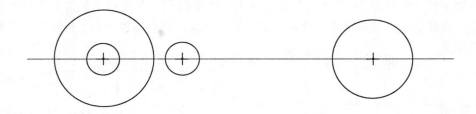

**图2-19　绘制圆**

②单击"直线"按钮，以圆的上顶点作为直线的起点，连续绘制如图2-20所示的折线。在绘制时需注意直线与圆的相切关系。

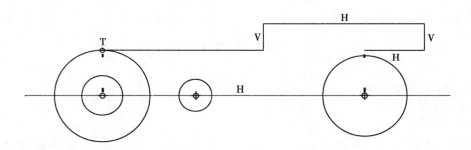

**图2-20　绘制折线**

③单击工具栏中的"相切"按钮，使右侧的圆与其上端的线段相切，如图2-21所示。

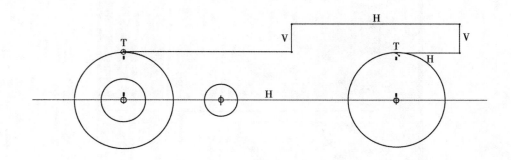

**图2-21　相切**

④单击工具栏中的"圆形"按钮 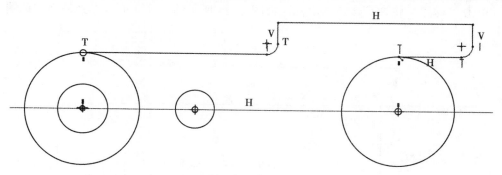 ，在如图 2-22 所示的两个位置绘制倒圆角。

**图 2-22  倒圆角**

⑤按下 Ctrl 键，依次单击图中除 4 个圆外的所有线段和圆弧，然后单击工具栏中的"镜像"按钮 ，接着，单击水平中心线作为对称轴，生成如图 2-23 所示的图形。

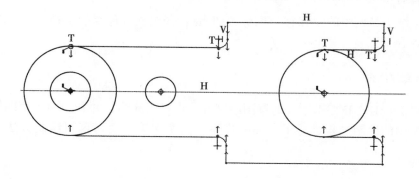

**图 2-23  镜像后的图形**

⑥单击"删除段"按钮 ，单击需要修剪的部分，可以得到如图 2-24 所示的图形。

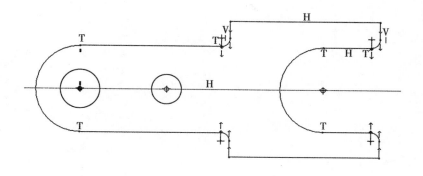

**图 2-24  修剪后的图形**

（3）标注尺寸

单击"标注"按钮 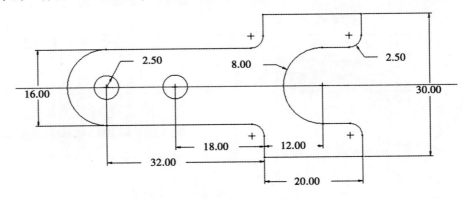，依次标注如图 2-25 所示的尺寸，可以得到最终的草图。

图 2-25　最终的草图

（4）保存

单击系统工具栏中的"保存"图标按钮 🖫，指定文件保存的路径，最后单击"确定"按钮保存草图。

## 2.4　本章小结

本章对 Pro/ENGINEER 5.0 的草图绘制方法进行了介绍，并利用两个草图综合应用实例，对草图的绘制过程进行了详细的描述，以便加深读者对草图绘制方法的理解和掌握。

# 第 3 章　机械实例绘制

　　建立生活实例模型只是 Pro/ENGINEER 的一小部分应用，其更多的还是用于机械行业的模型建立和图纸绘制。本章主要介绍了一些机械部件的绘制过程。便于读者熟悉其绘制机械零件的过程，并进一步熟悉常用建模命令的使用方法。

## 3.1　端盖绘制

### 3.1.1　实例概述

　　本实例主要介绍如图 3-1 所示的端盖绘制过程。因端盖上各类孔较多，可以先用拉伸命令创建底部的带耳大圆部分，然后用拉伸命令创建上面的部分，接着用旋转命令切除中间多余的部分，最后用孔和阵列命令创建内部的 4 个小孔和外部的 4 个大孔。

图 3-1　端盖模型

### 3.1.2　绘制步骤

　　（1）创建如图 3-2 所示部分

图 3-2　拉伸创建（1）

①选择下拉菜单"文件"—"新建"命令（或单击"新建"按钮 ⬜），系统将弹出"新建"对话框。在对话框"类型"选项组中选择"零件"选项，"子类型"选项组中选择"实体"选项。在"名称"文本框中输入文件名"endcover"，如图 3-3 所示。单击"确定"按钮，完成文件创建。

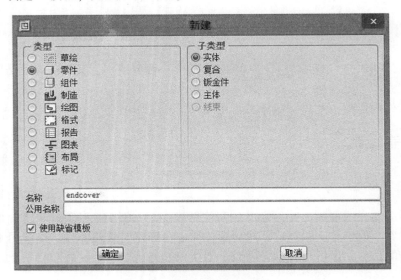

图 3-3    "新建"对话框（4）

②进入零件创建界面后，选择工具栏中"拉伸"按钮 ⬚，系统将弹出拉伸操控板。在操控板中单击"放置"按钮，然后在弹出的界面中单击"定义"按钮，将会弹出"草绘"对话框，如选取 FRONT 基准平面为草绘平面，RIGHT 基准平面为参照平面，方向为"右"。单击对话框中的"草绘"按钮，绘制如图 3-4 所示的截面草图，单击"完成"按钮 ✔。

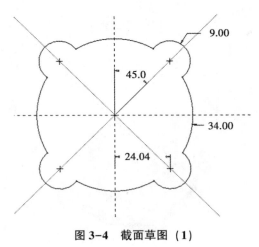

图 3-4    截面草图（1）

③在操控板中选择拉伸类型为 ⬚▾，拉伸深度值为 9，然后单击"完成"按钮 ✔，

最终拉伸效果如图 3-2 所示。

（2）添加图 3-5 所示部分

图 3-5 拉伸创建（2）

①进入零件创建界面后，选择工具栏中"拉伸"按钮 ⬚ ，系统将弹出拉伸操控板。在操控板中单击"放置"按钮，然后在弹出的界面中单击"定义"按钮，将弹出"草绘"对话框，选取如图 3-6 所示的表面作为草绘平面，RIGHT 基准平面为参照平面，方向为"右"。单击对话框中的"草绘"按钮，绘制如图 3-7 所示的截面草图，单击"完成"按钮 ✔ 。

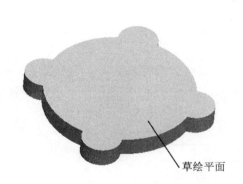

图 3-6 草绘平面（1）

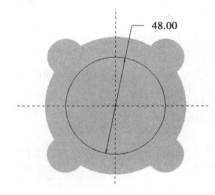

图 3-7 截面草图（2）

②在操控板中选择拉伸类型为 ⬚▾ ，拉伸深度值为 16，然后单击"完成"按钮 ✔ ，最终拉伸结果如图 3-5 所示。

（3）去除中间多余部分

①选择工具栏中"旋转"按钮 ⬚ ，系统将弹出旋转操控面板。在操控面板中单击"放置"按钮，然后在弹出的界面中单击"定义"按钮，将弹出"草绘"对话框，选取RIGHT 基准平面为草绘平面，TOP 基准平面为参照平面，方向为"右"。单击对话框中的"草绘"按钮，绘制如图 3-8 所示的截面草图，单击"完成"按钮 ✔ 。

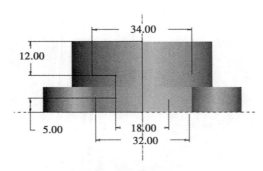

图 3-8　截面草图（3）

②点击"去除材料"按钮 ⬔，然后单击"完成"按钮 ✔，旋转去除后效果如图 3-9 所示。

图 3-9　旋转去除

③单击工具栏中的"边倒角"命令按钮 ✎，将会弹出控制面板，按照如图 3-10 所示进行设置，选取如图 3-11 所示的边，然后单击"完成"按钮 ✔，最终去除结果如图 3-12 所示。

集　过渡　段　选项　属性

图 3-10　　"边倒角"控制面板

倒角边

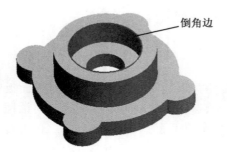

图 3-11　选取倒角边（1）

图 3-12　倒角结果

（4）绘制内部 4 个小孔

①单击工具栏中“孔”命令按钮，系统将弹出孔特征控制面板，默认创建直孔，单击“放置”按钮，将弹出图 3-13 所示的界面，可以选取如图 3-14 所示平面为放置面，“类型”选择线性，单击“偏移参照”下的“单击此处添加…”按钮，然后选取 TOP 平面，在“偏移”文本框列表中选择“对齐”。按住 Ctrl 键，选取 RIGHT 平面，在后面的“偏移”文本框中输入到第二线性参照的距离值“12.5”。在控制面板中输入直径值“3.0”，选取深度类型（即“穿透”）。单击“完成”按钮，绘制结果如图 3-15 所示。

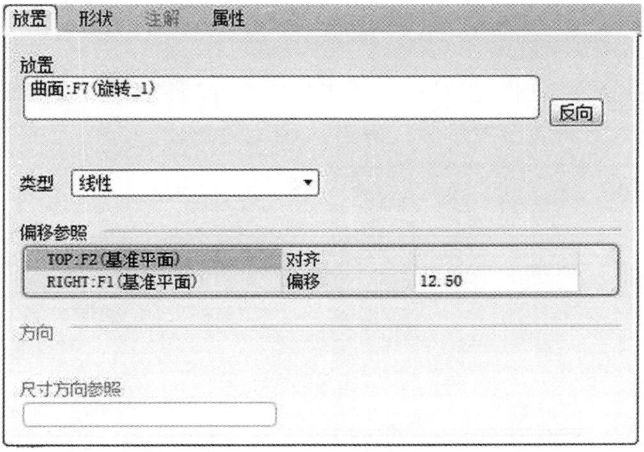


**图 3-13　“放置”界面（1）**

**图 3-14　选取放置平面（1）**

**图 3-15　内部单孔特征**

②选取上一步骤创建的孔，然后单击工具栏中的“阵列”按钮，将弹出阵列控制面板，在阵列类型下拉列表中选择“轴”选项，选取基准轴 A_1，输入阵列数量“4”，角度增量值“90”，然后单击“完成”按钮，最终绘制结果如图 3-16 所示。

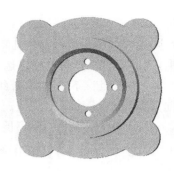

图 3-16　创建内部 4 个小孔

（5）绘制外部 4 个大孔

①单击工具栏中的"轴"工具，将弹出如图 3-17 所示的"基准轴"对话框，然后选取如图 3-18 所示的曲面作为参照，单击"确定"按钮，即可完成基准轴的创建。

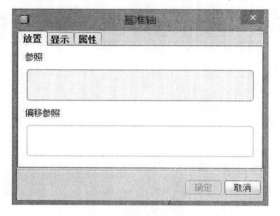

图 3-17　"基准轴"对话框　　　　　　　图 3-18　参照面的选取

②单击工具栏中"孔"命令按钮 ，系统将弹出孔特征控制面板，选取标准孔 ，然后按照图 3-19 所述进行设置，孔直径为 5，深度类型穿透，添加沉孔。点击"放置"按钮，将弹出如图 3-20 所示界面，选取放置位置。先选取如图 3-21 所示平面，按下 Ctrl 键，选取上一步骤创建的基准轴。单击"形状"按钮，将弹出形状界面，然后按照如图 3-22 所示进行设置。单击"完成"按钮 ，结果如图 3-23 所示。

图 3-19　"孔"控制面板

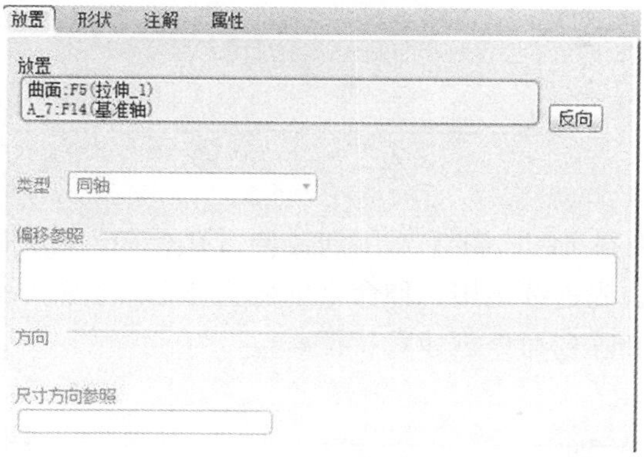

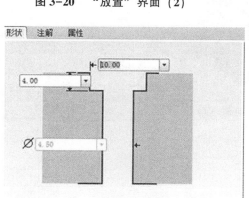

图 3-20　"放置"界面（2）

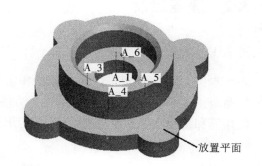

图 3-21　放置平面

图 3-22　"形状"界面

图 3-23　外部单孔特征

③选取上一步骤创建的孔，然后单击工具栏中的"阵列"按钮▦，将弹出阵列控制面板，在阵列类型下拉列表中选择"轴"选项，选取基准轴 A_1，输入阵列数量"4"，角度增量值"90"，然后单击"完成"按钮☑，最终绘制结果如图 3-24 所示。

图 3-24　端盖

（6）保存

单击系统工具栏中的"保存"图标按钮💾，指定文件保存的路径，单击"确定"按钮进行保存。

## 3.2 座盖绘制

### 3.2.1 实例概述

本例主要介绍如图 3-25 所示的座盖的绘制过程，其主要用到拉伸、孔、筋、阵列等命令，进一步熟悉常用命令的使用方法。首先连续运用拉伸命令创建主体部分，然后使用筋和镜像命令创建两侧肋板，最后用孔和阵列命令创建孔特征。

图 3-25　座盖（1）

### 3.2.2 绘制步骤

（1）绘制如图 3-26 所示部分

①选择下拉菜单"文件"—"新建"命令（或单击"新建"按钮▢），系统将弹出"新建"对话框。在对话框"类型"选项组中选择"零件"选项，在"子类型"选项组中选择"实体"选项。在"名称"文本框中输入文件名"zuogai"，如图 3-27 所示。单击"确定"按钮，完成文件创建。

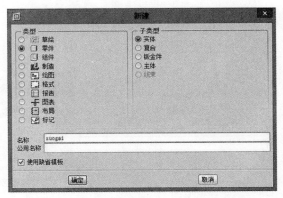

图 3-26　拉伸创建（3）　　　　　　图 3-27　"新建"对话框（5）

②进入零件创建界面后，选择工具栏中"拉伸"按钮▱，系统将弹出拉伸操控板。在操控板中单击"放置"按钮，然后在弹出的界面中单击"定义"按钮，将弹出"草绘"对话框，如选取 FRONT 基准平面为草绘平面，RIGHT 基准平面为参照平面，方向为"右"。单

击对话框中的"草绘"按钮，绘制如图 3-28 所示的截面草图，单击"完成"按钮 ✔ 。

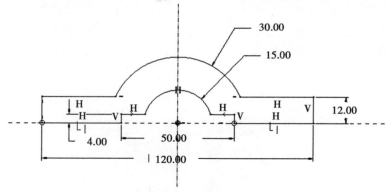

**图 3-28　截面草图（4）**

③在操控板中选择拉伸类型为 ⊞ ，拉伸深度值为 95，然后单击"完成"按钮 ✅ ，拉伸结果如图 3-29 所示。

（2）添加如图 3-29 所示部分

**图 3-29　拉伸创建（4）**

①单击工具栏中的"基准平面"按钮 ⬜ ，将弹出如图 3-30 所示的"基准平面"对话框，选择 TOP 平面作为参照面，平移值 70，单击"确定"按钮，完成平面创建，如图 3-31 所示。

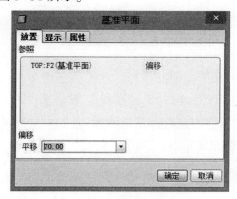

**图 3-30　"基准平面"对话框（1）**

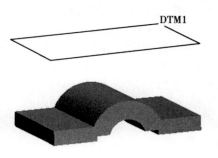

**图 3-31　创建基准平面（1）**

②选择工具栏中"拉伸"按钮 ⑦，系统将弹出拉伸操控板。在操控板中单击"放置"按钮，然后在弹出的界面中单击"定义"按钮，将弹出"草绘"对话框，如选取上一步骤创建的 DTM1 基准平面作为草绘平面，RIGHT 基准平面为参照平面，方向为"右"。单击对话框中的"草绘"按钮，绘制如图 3-32 所示的截面草图，单击"完成"按钮 ✓。

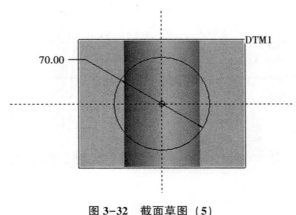

图 3-32　截面草图（5）

③在操控板中选择拉伸类型为 ⊥⊥，然后选取如图 3-33 所示的曲面。单击"完成"按钮 ✓，拉伸结果如图 3-34 所示。

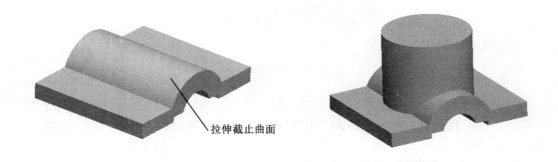

图 3-33　拉伸截止曲面　　　　　　　　　　图 3-34　拉伸结果（1）

④选择工具栏中"拉伸"按钮 ⑦，系统将弹出拉伸操控板。在操控板中单击"放置"按钮，然后在弹出的界面中单击"定义"按钮，将弹出"草绘"对话框，依旧选取 DTM1 基准平面作为草绘平面，RIGHT 基准平面为参照平面，方向为"右"。单击对话框中的"草绘"按钮，绘制如图 3-35 所示的截面草图，单击"完成"按钮 ✓。

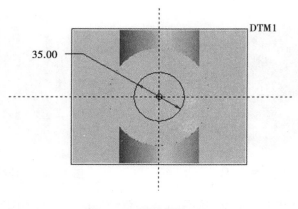

图 3-35 截面草图（6）

⑤在操控板中选择拉伸类型为 ╬，方向指向实体内部，选择"移除材料"按钮 ◿；单击"完成"按钮 ✔，拉伸结果如图 3-29 所示。

（3）去除如图 3-36 所示部分

①选择工具栏中"拉伸"按钮 ⬚，系统将弹出拉伸操控板。在操控板中单击"放置"按钮，然后在弹出的界面中单击"定义"按钮，将弹出"草绘"对话框，依旧选取 DTM1 基准平面作为草绘平面，RIGHT 基准平面为参照平面，方向为"右"。单击对话框中的"草绘"按钮，绘制如图 3-37 所示的截面草图，单击"完成"按钮 ✔。

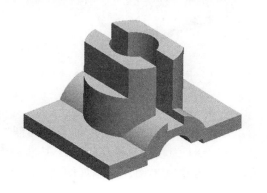

图 3-36 移除材料

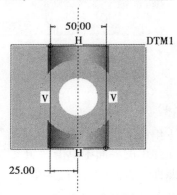

图 3-37 截面草图（7）

②在操控板中选择拉伸类型为 ╧，输入拉伸深度为"25"，拉伸方向指向实体内部，选择"移除材料"按钮 ◿，移除材料方向选为移除外部材料，如图 3-38 所示，单击"完成"按钮 ✔，拉伸结果如图 3-39 所示。

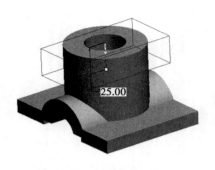

图 3-38  定义方向（1）

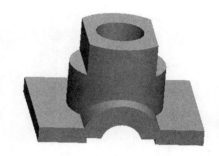

图 3-39  拉伸结果（2）

使用拉伸命令，和上一步拉伸使用同样的草绘平面，绘制如图 3-40 所示草图。拉伸类型为 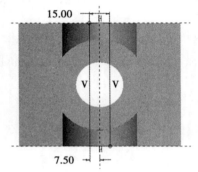，输入拉伸深度为"48"，拉伸方向指向实体内部，选择"移除材料"按钮 ，移除材料方向选为移除内部材料，如图 3-41 所示。单击"完成"按钮 ，拉伸结果如图 3-41 所示。

图 3-40  截面草图（8）

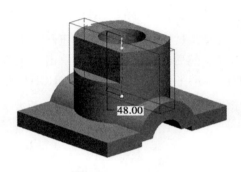

图 3-41  定义方向（2）

（4）添加筋特征

①单击工具栏中的"轮廓筋"按钮 ，在弹出的操控面板中，单击"参照"按钮，在弹出的界面中单击"定义"按钮，选取 FRONT 为草绘平面，RIGHT 基准平面作为参照面，方向为"右"。单击"确定"按钮，进入草绘界面，绘制如图 3-42 所示线段，单击"完成"按钮 。

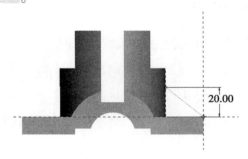

图 3-42  草绘

②定义加材料的方向如图 3-43 所示，输入厚度值"10"，单击"完成"按钮 。完成筋特征的创建，如图 3-44 所示。

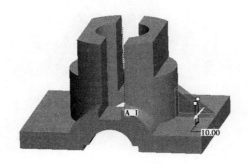

图 3-43　定义加材料方向

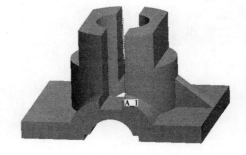

图 3-44　筋特征

③选取上一步骤创建的筋特征，然后单击工具栏中的"镜像"命令按钮 ，将弹出镜像控制板，然后选取 RIGHT 基准平面作为镜像平面，单击"完成"按钮 ，完成镜像，如图 3-45 所示。

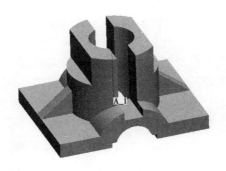

图 3-45　镜像筋特征

（5）绘制孔特征

①单击工具栏中"孔"命令按钮 ，系统将弹出孔特征控制面板，默认创建直孔，单击"放置"按钮，将弹出如图 3-46 所示的界面，选取如图 3-47 所示平面为放置面，"类型"选择线性，单击"偏移参照"下的"单击此处添加…"按钮，然后选取 FRONT 平面，在后面的"偏移"文本框的列表中选择"对齐"，再按住 Ctrl 键，选取 DTM1 平面，在后面的"偏移"文本框中输入到第二线性参照的距离值"13"。在控制面板中输入直径值"10"，选取深度类型 （即"穿透"），然后单击"完成"按钮 ，结果如图 3-48 所示。

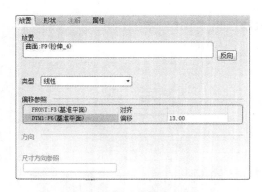

图 3-46　孔特征控制面板（1）

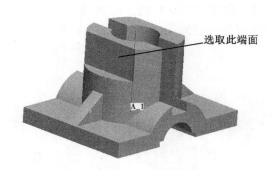

图 3-47　选取放置平面（2）

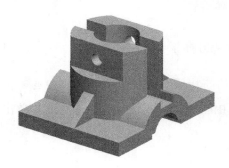

图 3-48　上部孔特征

②单击工具栏中"孔"命令按钮 🔽，系统将弹出孔特征控制面板，默认创建直孔，单击"放置"按钮，弹出如图 3-49 所示的界面，选取如图 3-50 所示平面为放置面，"类型"选择线性，单击"偏移参照"下的"单击此处添加…"按钮，然后选取 RIGHT 平面，在后面的"偏移"文本框中输入到第一线性参照的距离值"45"，再按住 Ctrl 键，选取 FRONT 平面，在后面的"偏移"文本框中输入到第二线性参照的距离值"32.5"。在控制面板中输入直径值"12"，选取深度类型 ᵁᵁ（即"穿透"），然后单击"完成"按钮 ✓，结果如图 3-51 所示。

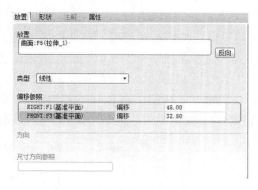

图 3-49　孔特征控制面板（2）

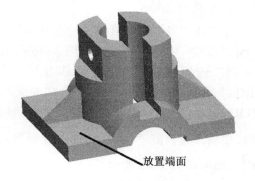

图 3-50　选取放置平面（3）

图 3-51　底部单孔特征

③选择上一步绘制的孔特征，然后单击工具栏中"阵列"按钮▦，将弹出阵列控制板，单击"尺寸"按钮，将弹出如图 3-52 所示界面。在界面中单击"方向 1"中的空白处以添加项目，选取如图 3-53 所示的"32.5"尺寸线，输入增量"-65"。接着，单击"方向 2"中的"单击此处添加…"字符以添加项目，选取如图 3-53 所示的"45"尺寸线，输入增量"-90"。在控制面板中输入各方向阵列成员数都为"2"。最后单击"完成"按钮✅，结果如图 3-54 所示。

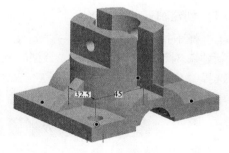

图 3-52　"尺寸"界面　　　　图 3-53　选取尺寸

图 3-54　座盖（2）

（6）保存

单击系统工具栏中的"保存"图标按钮⬚，指定文件保存的路径，单击"确定"按钮进行保存。

## 3.3 齿轮轴绘制

### 3.3.1 实例概述

本例主要介绍如图 3-55 所示的齿轮轴的绘制过程，主要包括轴、齿轮和键槽等部分。先用旋转命令绘制轴，然后用拉伸和阵列命令创建齿轮，最后用拉伸命令创建键槽。

图 3-55 齿轮轴（1）

### 3.3.2 绘制步骤

（1）创建轴

①选择下拉菜单"文件"—"新建"命令（或单击"新建"按钮⬚），系统将弹出"新建"对话框。在对话框"类型"选项组中选择"零件"选项，"子类型"选项组中选择"实体"选项。在"名称"文本框中输入文件名"gearshaft"，如图 3-56 所示。单击"确定"按钮，完成文件创建。

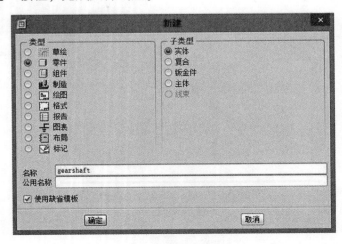

图 3-56 "新建"对话框（6）

②进入零件创建工作界面后，选择工具栏中"旋转"按钮 $\phi$ ，系统将弹出旋转操控板。在操控板中单击"放置"按钮，然后在弹出的界面中单击"定义"按钮，将弹出"草绘"对话框，选取 FRONT 基准平面为草绘平面，RIGHT 基准平面为参照平面，方向为"右"。单击对话框中的"草绘"按钮，绘制如图 3-57 所示的截面草图，单击"完成"按钮 ✓。注意要用中心线画一条与截面下侧线段重合的水平直线作为旋转轴。

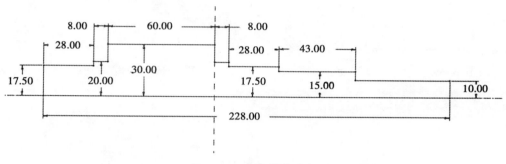

图 3-57 截面草图（9）

③然后单击"完成"按钮 ✓ ，旋转结果如图 3-58 所示。

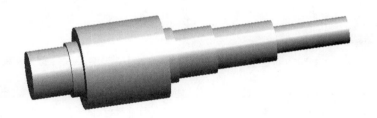

图 3-58 创建轴

（2）创建齿轮

①单击工具栏的"草绘"按钮 ，将弹出如图 3-59 所示的"草绘"对话框，选取如图 3-60 所示平面为草绘平面，TOP 基准平面为参照平面，方向为"右"。单击对话框中的"草绘"按钮，将弹出如图 3-61 所示的"参照"对话框，选择如图 3-62 所示的圆作为参照，然后单击"关闭"按钮。绘制如图 3-62 所示的截面草图，单击"完成"按钮 ✓ 。

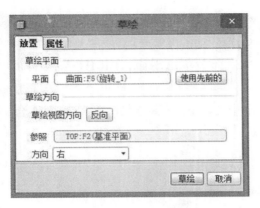

图 3-59　"草绘"对话框

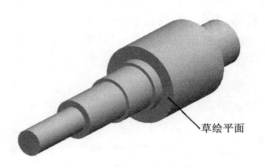

图 3-60　选择草绘平面（1）

图 3-61　"参照"对话框

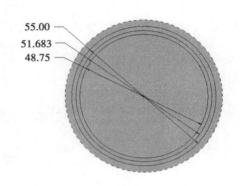

图 3-62　截面草图（10）

　　②单击工具栏中的"曲线"按钮 ~，将弹出如图 3-63 所示对话框，单击图中"从方程"选项，然后单击"完成"按钮，将弹出如图 3-64 所示"曲线：从方程"界面和如图 3-65 所示"坐标系"菜单管理器，选取坐标系 PRT_ CSYS_ DEF，弹出如图 3-66 所示"坐标系类型"菜单管理器。选择笛卡儿坐标系，弹出如图 3-67 所示的记事本，并输入图中所示指令代码。保存并关闭记事本，单击如图 3-64 中的"确定"按钮，完成渐开线创建，如图 3-68 所示。

图 3-63　"曲线选项"菜单管理器

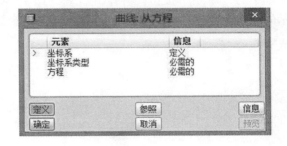

图 3-64　"曲线：从方程"界面

图 3-65　选取坐标系（1）

图 3-66　选择坐标类型

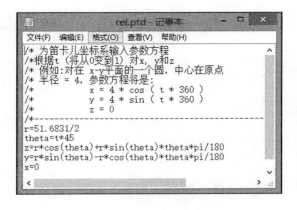

图 3-67　输入曲线方程

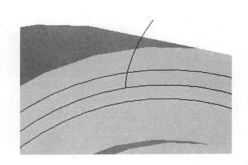

图 3-68　齿轮渐开线

③单击工具栏中的"点"按钮 ，将弹出如图 3-69 所示"基准点"对话框，选取参照，按下 Ctrl 键，选取如图 3-70 所示的两条参照曲线，然后单击"确定"按钮，完成如图 3-70 所示的点的创建。

图 3-69　"基准点"对话框

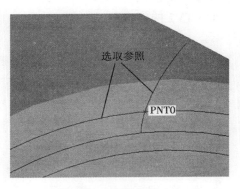

图 3-70　选取参照（1）

④单击工具栏中的"平面"按钮 ，将弹出如图 3-71 所示"基准平面"对话框，选取参照，按下 Ctrl 键，选取如图 3-72 所示基准点 PNT0 和轴的中心线 A_1，然后单击"确定"按钮，完成如图 3-73 所示基准平面 DTM1 的创建。

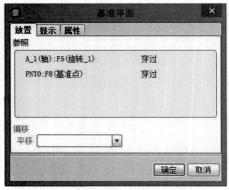

图 3-71 "基准平面"对话框 (2)

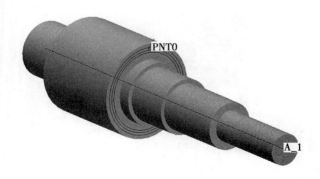

图 3-72 选取参照 (2)

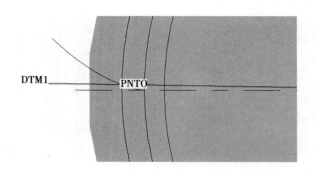

图 3-73 基准平面 DTM1

⑤单击工具栏中的"平面"按钮 ，将弹出如图 3-74 所示"基准平面"对话框，选取参照，按下 Ctrl 键，选取如图 3-75 所示的轴线 A_1 和基准平面 DTM1。输入旋转角度"4.09"，方向如图 3-76 所示，然后单击"确定"按钮，完成如图 3-76 所示的平面 DTM2 的创建。

图 3-74 "基准平面"对话框 (3)

图 3-75 选取参照 (3)

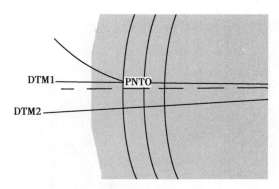

图 3-76　基准平面 DTM2

⑥选取②中创建的渐开线，然后单击工具栏中的"镜像"按钮 ⼁⼁，再选择基准平面 DTM2 作为镜像平面。单击"完成"按钮 ✅，镜像结果如图 3-77 所示。

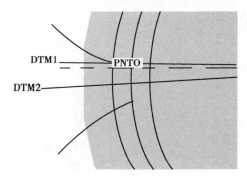

图 3-77　镜像渐开线

⑦选择工具栏中"拉伸"按钮 ⼝，系统将弹出拉伸操控板。在操控板中单击"放置"按钮，然后在弹出的界面中单击"定义"按钮，将弹出"草绘"对话框，选取如图 3-78 所示平面为草绘平面，TOP 基准平面为参照平面，方向为"右"。单击对话框中的"草绘"按钮，将弹出"参照"对话框，选择如图 3-79 所示的圆作为参照，然后单击"关闭"按钮。绘制如图 3-79 所示的截面草图，单击"完成"按钮 ✔。

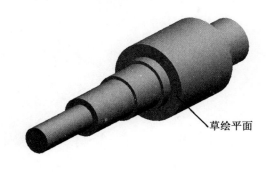

图 3-78　草绘平面（2）

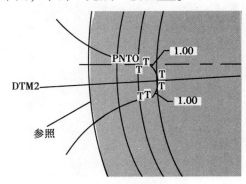

图 3-79　截面草图（11）

⑧在操控板中选择拉伸类型为 ![], 拉伸方向指向实体内部, 选择"移除材料"按钮 ![], 单击"完成"按钮 ![], 拉伸结果如图 3-80 所示。

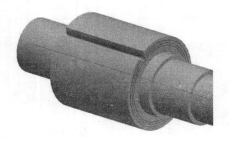

图 3-80　齿槽创建

⑨选取上一步骤创建的齿槽, 然后单击工具栏中的"阵列"按钮 ![], 将弹出阵列控制面板, 在阵列类型下拉列表中选择"轴"选项, 选取基准轴 A_1, 输入阵列数量"22", 角度增量值"16.36"。单击"完成"按钮 ![], 结果如图 3-81 所示。

图 3-81　齿轮

（3）创建键槽

①单击工具栏中的"平面"按钮 ![], 将弹出如图 3-82 所示"基准平面"对话框, 选取 FRONT 平面作为参照, 输入平移距离"6.5"。单击"确定"按钮, 完成如图 3-83 所示平面 DTM3 的创建。

图 3-82　"基准平面"对话框（4）

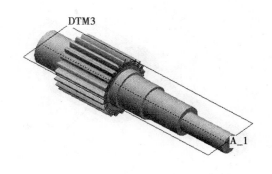

图 3-83　平面 DTM3

②选择工具栏中"拉伸"按钮 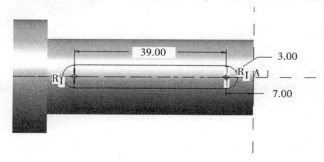，系统将弹出拉伸操控板。在操控板中单击"放置"按钮，然后在弹出的界面中单击"定义"按钮，将弹出"草绘"对话框，选取 DTM3 平面作为草绘平面，RIGHT 基准平面为参照平面，方向为"右"。单击对话框中的"草绘"按钮，绘制如图 3-84 所示的截面草图，单击"完成"按钮 ✔。

图 3-84 截面草图（12）

③在操控板中选择拉伸类型为 🔲，拉伸方向如图 3-85 所示，选择"移除材料"按钮 🔲，单击"完成"按钮 ✔，拉伸结果如图 3-86 所示。

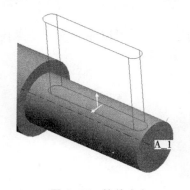

图 3-85 拉伸方向

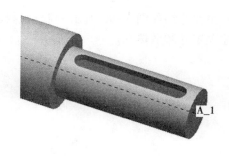

图 3-86 键槽

（4）倒角

单击工具栏中的"边倒角"按钮 🔲，弹出边倒角控制面板，按下 Ctrl 键，选取如图 3-87 所示的两条边，然后控制面板按照如图 3-88 设置，单击"完成"按钮 ✔。完成齿轮轴的创建，如图 3-89 所示。

图 3-87 倒角边选取

图 3-88　倒角控制面板　　　　　　　　　　图 3-89　齿轮轴（2）

（5）保存

单击系统工具栏中的"保存"图标按钮 ⊟，指定文件保存的路径，单击"确定"
按钮进行保存。

## 3.4　制动盘绘制

### 3.4.1　实例概述

本例主要介绍如图 3-90 所示的制动盘模型的绘制过程，先用拉伸命令创建盘体，
然后创建固定孔和散热孔。

图 3-90　制动盘模型（1）

### 3.4.2　绘制步骤

（1）创建盘体

①选择下拉菜单"文件"—"新建"命令（或单击"新建"按钮 ▯），系统将弹
出"新建"对话框。在对话框"类型"选项组中选择"零件"选项，"子类型"选项
组中选择"实体"选项，在"名称"文本框中输入文件名"braking"，如图 3-91 所示。
单击"确定"按钮，完成文件创建。

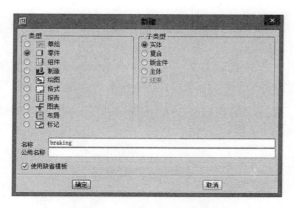

**图 3-91　"新建"对话框（7）**

②进入零件创建界面后，选择工具栏中"拉伸"按钮 ⟲，系统将弹出拉伸操控板。在操控板中单击"放置"按钮，然后在弹出的界面中单击"定义"按钮，将弹出"草绘"对话框，如选取 FRONT 基准平面为草绘平面，RIGHT 基准平面为参照平面，方向为"右"。单击对话框中的"草绘"按钮，绘制如图 3-92 所示的截面草图，单击"完成"按钮 ✔。

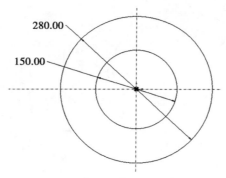

**图 3-92　截面草图（13）**

③在操控板中选择拉伸类型为 ⯒，拉伸深度值为 4，然后单击"完成"按钮 ☑，拉伸结果如图 3-93 所示。

**图 3-93　创建盘体**

（2）创建固定孔

①选择工具栏中"拉伸"按钮🗗，系统将弹出拉伸操控板。在操控板中单击"放置"按钮，然后在弹出的界面中单击"定义"按钮，将弹出"草绘"对话框，如选取如图 3-94 所示平面作为草绘平面，RIGHT 基准平面为参照平面，方向为"右"。单击对话框中的"草绘"按钮，绘制如图 3-95 所示的截面草图，单击"完成"按钮✔。

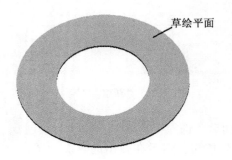

图 3-94　选择草绘平面（2）

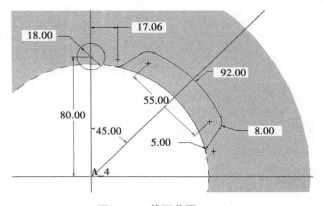

图 3-95　截面草图（14）

②在操控板中选择拉伸类型为⧉，选择去除材料，单击"完成"按钮☑，拉伸结果如图 3-96 所示。

图 3-96　去除材料

③选取上一步骤创建的特征，然后单击工具栏中的"阵列"按钮 ⊞，将弹出阵列控制面板，在阵列类型下拉列表中选择"轴"选项，选取圆盘的中心轴，输入阵列数量"4"，输入角度增量值"90"。单击"完成"按钮 ✓，可得到如图 3-97 所示结果。

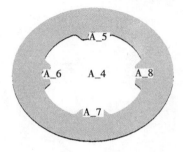

图 3-97　固定孔

（3）创建散热孔

①选择工具栏中"拉伸"按钮 ⌐，系统将弹出拉伸操控板。在操控板中单击"放置"按钮，然后在弹出的界面中单击"定义"按钮，将弹出"草绘"对话框，进行和上一个拉伸相同的草绘平面设置。绘制如图 3-98 所示的截面草图，单击"完成"按钮 ✓。

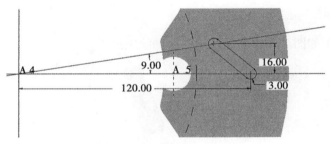

图 3-98　截面草图（15）

②在操控板中选择拉伸类型为 ﹛，选择去除材料，单击"完成"按钮 ✓，拉伸结果如图 3-99 所示。

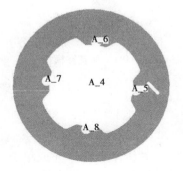

图 3-99　单个散热孔

③选取上一步骤创建的特征,然后单击工具栏中的"阵列"按钮▦,将弹出阵列控制面板,在阵列类型下拉列表中选择"轴"选项,选取圆盘的中心轴,输入阵列数量"18",输入角度增量值"20"。单击"完成"按钮☑,结果如图3-100所示,完成制动盘模型的创建。

图3-100 制动盘模型 (2)

## 3.5 麻花钻绘制

### 3.5.1 实例概述

本例主要介绍如图3-101所示的麻花钻的绘制过程。

图3-101 麻花钻模型 (1)

### 3.5.2 绘制步骤

(1) 创建本体

①选择下拉菜单"文件"—"新建"命令(或单击"新建"按钮▯),系统将弹出"新建"对话框。在对话框"类型"选项组中选择"零件"选项,"子类型"选项组中选择"实体"选项。在"名称"文本框中输入文件名"twistdrill"。单击"确定"

按钮，完成文件创建。

②进入零件创建界面后，选择工具栏中"拉伸"按钮 ⬚，系统将弹出拉伸操控板。在操控板中单击"放置"按钮，然后在弹出的界面中单击"定义"按钮，将弹出"草绘"对话框，如选取 FRONT 基准平面为草绘平面，RIGHT 基准平面为参照平面，方向为"右"。单击对话框中的"草绘"按钮，绘制如图 3-102 所示的截面草图，单击"完成"按钮 ✔。

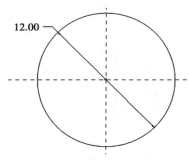

图 3-102　截面草图（16）

③在操控板中选择拉伸类型为 ⬚，拉伸深度值为 100，然后单击"完成"按钮 ✅，拉伸结果如图 3-103 所示。

图 3-103　拉伸结果（3）

（2）创建分屑槽

①选择下拉菜单"编辑"—"包络"命令。系统将弹出图 3-104 所示的"包络"操控板，选取圆柱面作为包络面。

图 3-104　"包络"操控板

②在操控板中单击"参照"按钮，然后在弹出的界面中单击"定义"按钮，系统将弹出"草绘"对话框，如选取 RIGHT 基准平面为草绘平面，TOP 基准平面为参照平面，方向为"右"。单击对话框中的"草绘"按钮，绘制如图 3-105 所示的曲线，注意要在底部曲线起始处，点击"创建坐标系"按钮 ⊬ ，画一个坐标系，单击"完成"按钮 ✓ 。

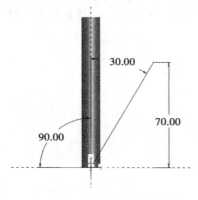

图 3-105　曲线草图

③然后单击操控板中的"完成"按钮 ☑ ，包络结果如图 3-106 所示。

④单击工具栏中的"草绘"按钮 ▩ ，选取 RIGHT 基准平面为草绘平面，TOP 基准平面为参照平面，方向为"右"。单击对话框中的"草绘"按钮，绘制如图 3-107 所示的直线，单击"完成"按钮 ✓ 。

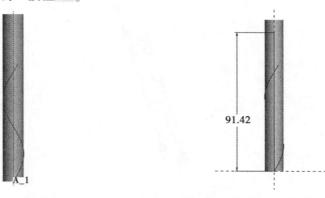

图 3-106　包络结果　　　　　　图 3-107　绘制草图

⑤选择下拉菜单"插入"—"模型基准"—"图形"命令，将弹出图 3-108 所示对话窗口，输入名字"1"，单击"完成"按钮 ☑ ，在弹出的截面中绘制如图 3-109 所示图形，单击"完成"按钮 ✓ 。

图 3-108　名字窗口

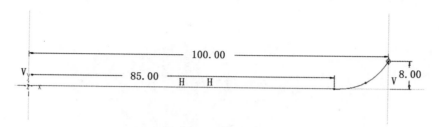

图 3-109　基准图形

⑥单击工具栏中的"可变截面扫描"按钮 ⬆️，将弹出如图 3-110 所示的"可变截面扫描"控制面板。选取扫描为实体按钮 ▢，单击"参照"按钮，将弹出如图 3-111 所示的对话框，选取轨迹，先选取圆柱中心的直线，然后按下 Ctrl 键，选取外部包络的曲线。

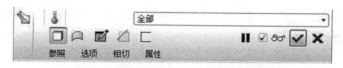

图 3-110　"可变截面扫描"控制面板

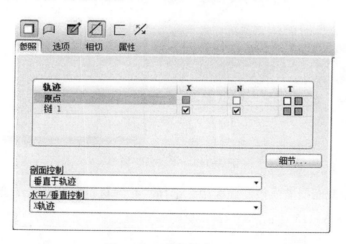

图 3-111　选取轨迹（1）

⑦在控制面板上单击"草绘"按钮 ✏️，进入草绘界面，绘制如图 3-112 所示的扫描截面。

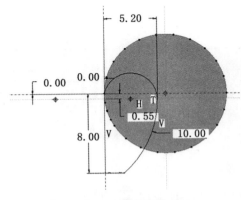

图 3-112  扫描截面（1）

⑧选择下拉菜单"工具"—"关系"，在弹出的窗口中输入如图 3-113 所示关系式，然后单击"确定"按钮。最后单击"完成"按钮 ✔，结果如图 3-114 所示。

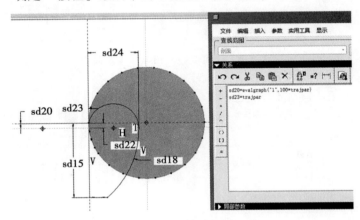

图 3-113  "关系"窗口

⑨在"可变截面扫描"控制面板中，选择"移除材料"按钮 ◰，单击"完成"按钮 ✅，结果如图 3-115 所示。

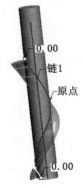

图 3-114  扫描过程

图 3-115  扫描结果（1）

⑩选取上一步变截面扫描特征，然后单击工具栏中的"阵列"按钮 ⊞，将弹出阵列控制面板，在阵列类型下拉列表中选择"轴"选项，接着选取基准轴 A_1，输入阵列数量"2"，输入角度增量值"180"。最后单击"完成"按钮 ☑，结果如图 3-116 所示。

图 3-116　阵列结果（1）

⑪重复步骤⑥中的操作，在操作板中选取"创建薄板特征"按钮 ⊏，输入厚度值"0.8"，然后在控制面板上单击"草绘"按钮 📝，进入草绘界面，绘制如图 3-117 所示的扫描截面，单击"完成"按钮 ✔。

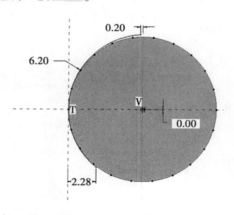

图 3-117　扫描截面（2）

⑫在"可变截面扫描"控制面板中，选择移除材料按钮 ⬜，单击"完成"按钮 ☑，结果如图 3-118 所示。

⑬选取上一步变截面扫描特征，然后单击工具栏中的"阵列"按钮 ⊞，将弹出阵列控制面板，在阵列类型下拉列表中选择"轴"选项，接着选取基准轴 A_1，输入阵列数量"2"，输入角度增量值"180"。最后单击"完成"按钮 ☑，结果如图 3-119 所示。

图 3-118　扫描结果（2）

图 3-119　阵列结果（2）

（3）创建切削部

①单击工具栏中的"曲线"按钮 ，将弹出如图 3-120 所示的曲线选项菜单管理器。使用默认的通过点，单击"完成"按钮。将弹出如图 3-121 和图 3-122 所示的两个对话框，依次选取如图 3-123 中的两个点，单击如图 3-122 中的"完成"按钮。单击如图 3-121 中的确定按钮。

图 3-120　曲线选项菜单管理器

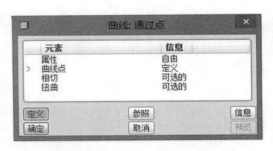

图 3-121　"曲线：通过点"操控板

图 3-122　联结类型菜单管理器

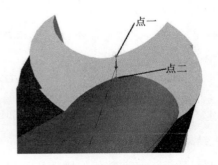

图 3-123　选取通过点

②单击工具栏中的"可变截面扫描"按钮 ，将弹出如图 3-124 所示的"可变截面扫描"控制面板。选取扫描为实体按钮 ，单击"参照"按钮，将弹出如图 3-125

所示的对话框，然后选取轨迹，选取上一步骤创建的曲线特征。选取如图 3-125 所示的曲面作为"X 方向参照"。

图 3-124　"可变截面扫描"控制面板

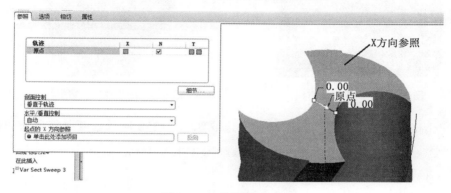

图 3-125　选取轨迹（2）

③在控制面板上单击"草绘"按钮，进入草绘界面，绘制如图 3-126 所示的草图。单击"完成"按钮✔，结果如图 3-127 所示，分别左键双击图中的两个"0.00"，将其改为"5"，在"可变截面扫描"控制面板中，选择"移除材料"按钮。

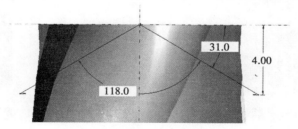

图 3-126　扫描草图

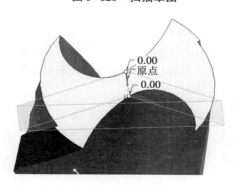

图 3-127　调整扫描长度

④调整方向如图 3-128 所示，单击"完成"按钮☑，结果如图 3-129 所示。

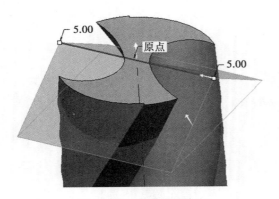

图 3-128　扫描去除方向

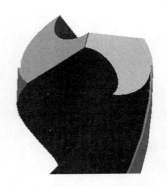

图 3-129　切削部

⑤单击工具栏中的"倒圆角"按钮，选取如图 3-130 所示的两条拐角处的棱，输入半径"3"，单击"完成"按钮☑，结果如图 3-131 所示。

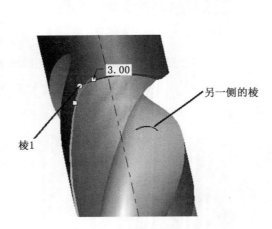

图 3-130　选取倒角边（2）

图 3-131　麻花钻模型（2）

## 3.6　本章小结

本章详细介绍了端盖、座盖、齿轮轴、刹车盘和麻花钻的绘制过程，过程中多次运用了拉伸、旋转孔阵列等命令。此外，筋特征和特征曲线的绘制在本章也有介绍，这些绘图命令的学习需要读者多加练习。

# 第 4 章　装配图绘制

本章将介绍一些装配体的建模过程，希望通过这些讲解能使读者掌握装配体的创建方法。此外，创建零件模型常用的一些命令的操作方法已经在第 2 章和第 3 章进行了详细的介绍，因此，本章将只介绍其创建步骤，而不再具体介绍每一个命令的操作过程。

## 4.1　十字滑块联轴器装配

### 4.1.1　实例概述

本例主要介绍如图 4-1 所示的十字滑块联轴器装配体的创建过程，其主要由中心滑块和两个半联轴器组成。首先创建半联轴器和中心滑块的三维模型，然后建立装配图，导入零件模型，添加位置约束，最后完成装配。

**图 4-1　十字滑块联轴器 (1)**

### 4.1.2　绘制步骤

（1）创建半联轴器模型

①选择下拉菜单"文件"—"新建"命令（或单击"新建"按钮 □），系统将弹出"新建"对话框。在对话框"类型"选项组中选择"零件"选项，"子类型"选项组中选择"实体"选项。在"名称"文本框中输入文件名"prt1"。单击"确定"按钮，完成文件创建。

②单击"旋转"按钮，选择工具栏中"旋转"按钮 ⚙，系统将弹出旋转操控板。在操控板中单击"放置"按钮，然后在弹出的界面中单击"定义"按钮，将弹出"草绘"对话框，选取 FRONT 基准平面为草绘平面，RIGHT 基准平面为参照平面，方向为"右"。单击对话框中的"草绘"按钮，绘制如图 4-2 所示的截面草图，单击"完成"

按钮 ✔。注意要用中心线画一条过原点的水平直线作为旋转轴。

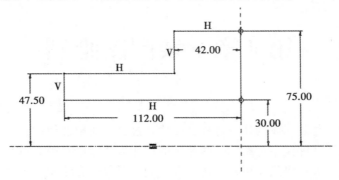

图 4-2　截面草图（17）

③单击"完成"按钮 ✅，可得到旋转结果，如图 4-3 所示。

图 4-3　旋转结果（1）

④选择工具栏中"拉伸"按钮 ⬚，系统将弹出拉伸操控板。在操控板中单击"放置"按钮，然后在弹出的界面中单击"定义"按钮，将弹出"草绘"对话框，选取RIGHT 基准平面作为草绘平面，FRONT 基准平面为参照平面，方向为"左"。单击对话框中的"草绘"按钮，绘制如图 4-4 所示的截面草图，单击"完成"按钮 ✔。

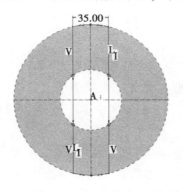

图 4-4　截面草图（18）

⑤在操控板中选择拉伸类型为 ，输入拉伸深度 "20"，选择 "移除材料" 按钮 ，单击 "完成" 按钮 ，拉伸结果如图 4-5 所示。

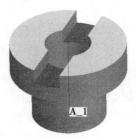

图 4-5  拉伸结果（4）

⑥选择工具栏中 "拉伸" 按钮 ，系统将弹出拉伸操控板。在操控板中单击 "放置" 按钮，然后在弹出的界面中单击 "定义" 按钮，将弹出 "草绘" 对话框，选取如图 4-6 所示平面作为草绘平面，TOP 基准平面为参照平面，方向为 "右"。单击对话框中的 "草绘" 按钮，将弹出 "参照" 对话框，选取如图 4-6 所示曲面为参照，绘制如图 4-7 所示的截面草图，单击 "完成" 按钮 。

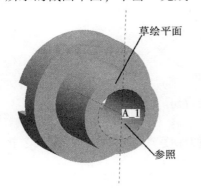

图 4-6  选取草绘平面和参照

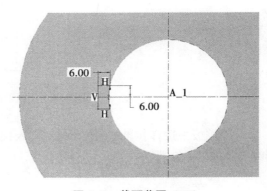

图 4-7  截面草图（19）

⑦在操控板中选择拉伸类型为 ，输入拉伸深度 "50"，选择 "移除材料" 按钮 ，单击 "完成" 按钮 ，拉伸结果如图 4-8 所示。

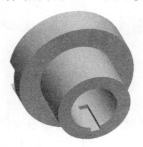

图 4-8  半联轴器

⑧单击系统工具栏中的 "保存" 按钮 ，指定文件保存的路径。单击 "确定" 按

钮保存草图。

（2）创建中心滑块

①选择下拉菜单"文件"—"新建"命令（或单击"新建"按钮 📄），系统将弹出"新建"对话框。在对话框"类型"选项组中选择"零件"选项，"子类型"选项组中选择"实体"选项。在"名称"文本框中输入文件名"prt2"，单击"确定"按钮，完成文件创建。

②选择工具栏中"拉伸"按钮 🗗，系统将弹出拉伸操控板。在操控板中单击"放置"按钮，然后在弹出的界面中单击"定义"按钮，将弹出"草绘"对话框，选取FRONT基准平面作为草绘平面，RIGHT基准平面为参照平面，方向为"右"，单击对话框中的"草绘"按钮，绘制如图4-9所示的截面草图，单击"完成"按钮 ✔。

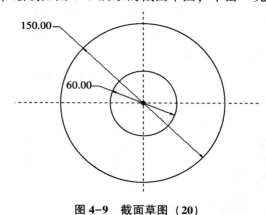

图4-9　截面草图（20）

③在操控板中选择拉伸类型为 🔛，输入拉伸深度"19"，单击"完成"按钮 ✔，拉伸结果如图4-10所示。

图4-10　拉伸结果（5）

④选择工具栏中"拉伸"按钮 🗗，系统将弹出拉伸操控板。在操控板中单击"放置"按钮，然后在弹出的界面中单击"定义"按钮，将弹出"草绘"对话框，选取FRONT基准平面作为草绘平面，TOP基准平面为参照平面，方向为"右"。单击对话框中的"草绘"按钮，绘制如图4-11所示的截面草图，单击"完成"按钮 ✔。

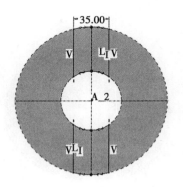

图 4-11  截面草图（21）

⑤在操控板中选择拉伸类型为 ，输入拉伸深度"20"，单击"完成"按钮 ☑，拉伸结果如图 4-12 所示。

图 4-12  拉伸结果（6）

⑥选择工具栏中"拉伸"按钮 ⧉，系统将弹出拉伸操控板。在操控板中单击"放置"按钮，然后在弹出的界面中单击"定义"按钮，将弹出"草绘"对话框，选取如图 4-13 所示平面作为草绘平面，RIGHT 基准平面为参照平面，方向为"右"。单击对话框中的"草绘"按钮，绘制如图 4-14 所示的截面草图，单击"完成"按钮 ☑。

图 4-13  选取草绘平面

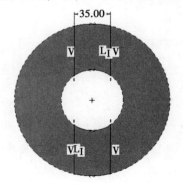

图 4-14  截面草图（22）

⑦在操控板中选择拉伸类型为 ，输入拉伸深度"20"，单击"完成"按钮 ☑，

拉伸结果如图4-15所示。

图4-15 中心滑块

⑧单击系统工具栏中的"保存"图标按钮 📁 ，指定文件保存的路径。单击"确定"按钮。

（3）装配

①选择下拉菜单"文件"—"新建"命令（或单击"新建"按钮 🗋 ），系统将弹出"新建"对话框。在对话框"类型"选项组中选择"组件"选项，"子类型"选项组中选择"设计"选项。在"名称"文本框中输入文件名"asm1"。单击"确定"按钮，完成文件创建。

②引入第一个元件。单击工具栏中的"装配"按钮 ，然后在弹出的文件"打开"对话框中，选取prt1.prt，单击"打开"按钮。系统将弹出如图4-16所示的元件放置操控板，在该操控板中单击"放置"按钮，在"放置"界面的"约束类型"下拉列表中选择"缺省"选项，将元件默认放置，此时，"状态"区域显示的信息为"完全约束"，单击操控板中的"完成"按钮 ✅ ，结果如图4-17所示。

图4-16 元件放置操控板（1）

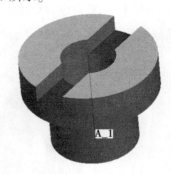

图4-17 引入第一个元件（1）

③装配第二个元件。

• 引入第二个元件 prt2.prt，并将其调整到合适的位置。在元件放置操控板中单击"放置"按钮，系统将弹出"放置"界面。

• 在"放置"界面的"约束类型"下拉列表框中选择"配对"选项，然后选取如

图 4-18 所示的配对面（面一），在"放置"界面的"偏移"下拉列表框中选择"重合"选项。

• 在"放置"界面中单击"新建约束"字符，在"放置"界面的"约束类型"下拉列表框中选择"配对"选项，然后选取如图 4-18 所示的配对面（面二），在"放置"界面的"偏移"下拉列表框中选择"重合"选项。

• 在"放置"界面中单击"新建约束"字符，在"放置"界面的"约束类型"下拉列表框中选择"对齐"选项，然后选取如图 4-18 所示的两条轴线（轴一）。

• 单击操控板中的"完成"按钮☑，完成装配约束的创建，如图 4-19 所示。

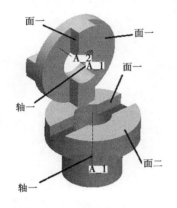

图 4-18　选取配对面（1）

图 4-19　装配第二个元件

④装配第三个元件。

• 引入第二个元件 prt2. prt，并将其调整到合适的位置。在元件放置操控板中单击"放置"按钮，系统将弹出"放置"界面。

• 在"放置"界面的"约束类型"下拉列表框中选择"配对"选项，然后选取如图 4-20 所示的配对面（面一），在"放置"界面的"偏移"下拉列表框中选择"重合"选项。

• 在"放置"界面中单击"新建约束"字符，在"放置"界面的"约束类型"下拉列表框中选择"配对"选项，然后选取如图 4-20 所示的配对面（面二），在"放置"界面的"偏移"下拉列表框中选择"重合"选项。

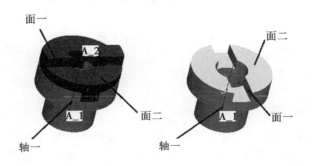

图 4-20　选取配对面（2）

●在"放置"界面中单击"新建约束"字符，在"放置"界面的"约束类型"下拉列表框中选择"对齐"选项，然后选取如图4-20所示的两条轴线（轴一）。

●单击操控板中的"完成"按钮☑，完成装配约束的创建，如图4-21所示。

**图4-21　十字滑块联轴器（2）**

（4）保存

单击系统工具栏中的"保存"图标按钮🖫，指定文件保存的路径。单击"确定"按钮进行保存。

# 4.2　肘接头装配

## 4.2.1　实例概述

本例主要介绍如图4-22所示肘接头装配体模型的创建过程。首先创建各零部件，然后创建装配体，导入零件，施加约束，最后完成装配。

**图4-22　肘接头装配图**

## 4.2.2　创建步骤

（1）创建第一个部件

①选择下拉菜单"文件"—"新建"命令（或单击"新建"按钮🗋），系统将弹出"新建"对话框。在对话框"类型"选项组中选择"零件"选项，"子类型"选项组中选择"实体"选项。在"名称"文本框中输入文件名"fork"。单击"确定"按钮，完成文件创建。

②选择工具栏中"拉伸"按钮 □，系统将弹出拉伸操控板。在操控板中单击"放置"按钮，然后在弹出的界面中单击"定义"按钮，将弹出"草绘"对话框，选取 FRONT 基准平面作为草绘平面，RIGHT 基准平面为参照平面，方向为"右"。单击对话框中的"草绘"按钮，绘制如图 4-23 所示的截面草图，单击"完成"按钮 ✔。

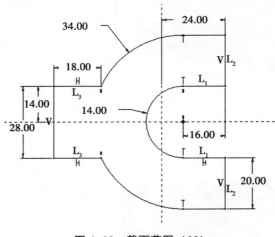

图 4-23 截面草图（23）

③在操控板中选择拉伸类型为 □，输入拉伸深度"28"，单击"完成"按钮 ✔，拉伸结果如图 4-24 所示。

图 4-24 拉伸结果（7）

④选择工具栏中"拉伸"按钮 □，系统将弹出拉伸操控板。在操控板中单击"放置"按钮，然后在弹出的界面中单击"定义"按钮，将弹出"草绘"对话框，选取如图4-25所示平面作为草绘平面，使用默认参照平面，方向为"底部"。单击对话框中的"草绘"按钮，绘制如图 4-26 所示的截面草图，单击"完成"按钮 ✔。

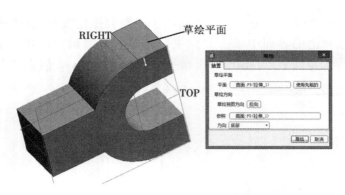

图 4-25　草绘平面（3）

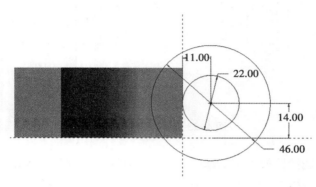

图 4-26　截面草图（24）

⑤在操控板中选择拉伸类型为 ，输入拉伸深度"20"，单击"完成"按钮 ，拉伸结果如图 4-27 所示。

⑥选取上一步的拉伸特征，然后单击工具栏中的"镜像"按钮 ，选取 TOP 基准平面作为镜像平面。单击"完成"按钮 ，结果如图 4-28 所示。

图 4-27　拉伸结果（8）

图 4-28　镜像结果

⑦选择工具栏中"拉伸"按钮 ，系统将弹出拉伸操控板。在操控板中单击"放置"按钮，然后在弹出的界面中单击"定义"按钮，将弹出"草绘"对话框，选取如图 4-29 所示平面作为草绘平面，使用默认参照平面，方向为"右"。单击对话框中的

"草绘"按钮，绘制如图 4-30 所示的截面草图（正八边形），单击"完成"按钮 ✔。

草绘平面

图 4-29　草绘平面（4）

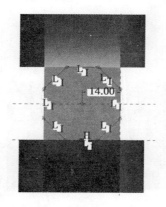

图 4-30　截面草图（25）

⑧在操控板中选择拉伸类型为 ⊥，输入拉伸深度"30"，单击"完成"按钮 ☑，拉伸结果如图 4-31 所示。

图 4-31　拉伸结果（9）

⑨选择工具栏中"拉伸"按钮 ⬡，系统将弹出拉伸操控板。在操控板中单击"放置"按钮，然后在弹出的界面中单击"定义"按钮，将弹出"草绘"对话框，选取如图 4-32 所示平面作为草绘平面，使用默认参照平面，方向为"顶部"。单击对话框中的"草绘"按钮，绘制如图 4-33 所示的截面草图（正八边形），单击"完成"按钮 ✔。

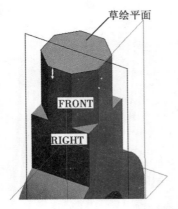
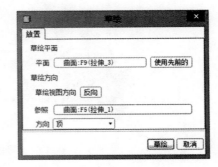

**图4-32　草绘平面（5）**

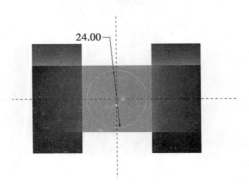

**图4-33　截面草图（26）**

⑩在操控板中选择拉伸类型为 ⊥ ，输入拉伸深度30，单击"完成"按钮 ☑ ，拉伸结果如图4-34所示。

**图4-34　拉伸结果（10）**

⑪单击工具栏中的"倒圆角"按钮 ，系统将弹出圆角特征操控板，选取如图4-35所示的边，然后在操控板中输入倒角半径"30"。单击"完成"按钮 ☑ ，结果如图4-36所示。

图 4-35　选取倒角边（3）

图 4-36　倒角（1）

⑫单击工具栏中的"倒圆角"按钮 ⟍，系统将弹出圆角特征操控板，选取如图 4-37所示的边，然后在操控板中输入倒角半径"2"。单击"完成"按钮 ✅，结果如图 4-38所示。

图 4-37　选取倒角边（4）

图 4-38　倒角（2）

⑬单击系统工具栏中的"保存"图标按钮 🖫，指定文件保存的路径，单击"确定"按钮保存部件。

（2）创建第二个部件

①选择下拉菜单"文件"—"新建"命令（或单击"新建"按钮 □），系统将弹出"新建"对话框。在对话框"类型"选项组中选择"零件"选项，"子类型"选项组中选择"实体"选项。在"名称"文本框中输入文件名"eye"。单击"确定"按钮，完成文件创建。

②选择工具栏中"拉伸"按钮 ⌧，系统将弹出拉伸操控板。在操控板中单击"放置"按钮，然后在弹出的界面中单击"定义"按钮，将弹出"草绘"对话框，选取 FRONT 基准平面作为草绘平面，RIGHT 基准平面为参照平面，方向为"右"，单击对话框中的"草绘"按钮，绘制如图 4-39 所示的截面草图，单击"完成"按钮 ✅。

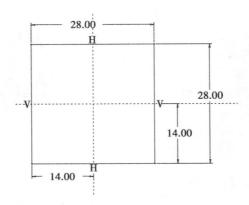

图 4-39　截面草图（27）

③在操控板中选择拉伸类型为 ，输入拉伸深度"20"，单击"完成"按钮 ✓，拉伸结果如图 4-40 所示。

图 4-40　拉伸结果（11）

④选择工具栏中"拉伸"按钮 🗗，系统将弹出拉伸操控板。在操控板中单击"放置"按钮，然后在弹出的界面中单击"定义"按钮，将弹出"草绘"对话框，选取如图 4-41 所示平面作为草绘平面，使用默认参照平面，方向为"右"。单击对话框中的"草绘"按钮，绘制如图 4-42 所示的截面草图，单击"完成"按钮 ✓。

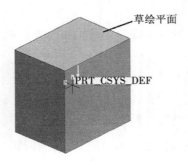

图 4-41　草绘平面（6）

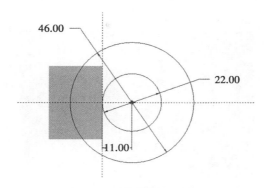

图 4-42　截面草图（28）

⑤在操控板中选择拉伸类型为 ，输入拉伸深度"28"，单击"完成"按钮 ☑ ，拉伸结果如图 4-43 所示。

图 4-43　拉伸结果（12）

⑥选择工具栏中"拉伸"按钮 🗗 ，系统将弹出拉伸操控板。在操控板中单击"放置"按钮，然后在弹出的界面中单击"定义"按钮，将弹出"草绘"对话框，选取如图 4-44 所示平面作为草绘平面，使用 RIGHT 参照平面，方向为"底部"。单击对话框中的"草绘"按钮，绘制如图 4-45 所示的截面草图（正八边形），单击"完成"按钮 ✓ 。

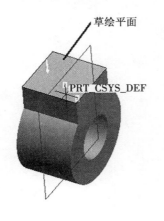
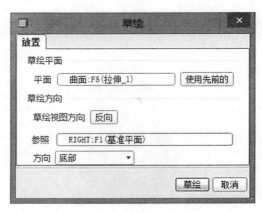

图 4-44　草绘平面（7）

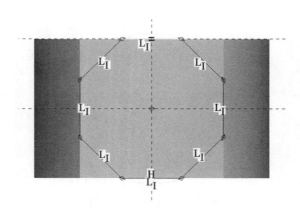

图 4-45　截面草图（29）

　　⑦在操控板中选择拉伸类型为 ，输入拉伸深度"30"，单击"完成"按钮 ，拉伸结果如图 4-46 所示。

图 4-46　拉伸结果（13）

　　⑧选择工具栏中"拉伸"按钮 ，系统将弹出拉伸操控板。在操控板中单击"放置"按钮，然后在弹出的界面中单击"定义"按钮，将弹出"草绘"对话框，选取如图 4-47 所示平面作为草绘平面，使用 RIGHT 参照平面，方向为"右"。单击对话框中的"草绘"按钮，绘制如图 4-48 所示的截面草图，单击"完成"按钮 。

图 4-47　草绘平面（8）

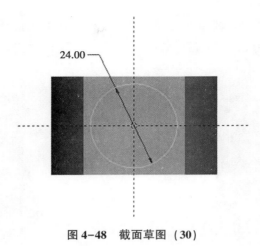

图 4-48　截面草图（30）

⑨在操控板中选择拉伸类型为 ，输入拉伸深度"30"，单击"完成"按钮 ☑，拉伸结果如图 4-49 所示。

图 4-49　拉伸结果（14）

⑩单击工具栏中的"倒圆角"按钮 ⟍，系统将弹出圆角特征操控板，选取如图 4-50 所示的边，然后在操控板中输入倒角半径"30"。单击"完成"按钮 ☑，结果如图 4-51 所示。

图 4-50　选取倒角边（5）

图 4-51　倒角（3）

⑪单击工具栏中的"倒圆角"按钮 ，系统将弹出圆角特征操控板，选取如图 4-52所示的边，然后在操控板中输入倒角半径"2"。单击"完成"按钮 ，结果如图 4-53 所示。

图 4-52　选取倒角边（6）

图 4-53　倒角（4）

⑫单击系统工具栏中的"保存"按钮 ，指定文件保存的路径。单击"确定"按钮保存部件。

（3）创建第三个部件

①选择下拉菜单"文件"—"新建"命令（或单击"新建"按钮 ），系统将弹出"新建"对话框。在对话框"类型"选项组中选择"零件"选项，"子类型"选项组中选择"实体"选项。在"名称"文本框中输入文件名"pin"。单击"确定"按钮，完成文件创建。

②选择工具栏中"旋转"按钮 ，系统将弹出旋转操控板。在操控板中单击"放置"按钮，然后在弹出的界面中单击"定义"按钮，将弹出"草绘"对话框，选取 FRONT 基准平面为草绘平面，RIGHT 基准平面为参照平面，方向为"右"。单击对话框中的"草绘"按钮，绘制如图 4-54 所示的截面草图，单击"完成"按钮 。注意要用中心线画一条过原点的竖直线作为旋转轴。

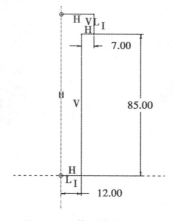

图 4-54　截面草图（31）

③单击"完成"按钮✅，可得到旋转结果，如图 4-55 所示。

图 4-55　旋转结果（2）

④选择工具栏中"拉伸"按钮 ，系统将弹出拉伸操控板。在操控板中单击"放置"按钮，然后在弹出的界面中单击"定义"按钮，将弹出"草绘"对话框，选取 FRONT 平面作为草绘平面，使用 RIGHT 参照平面，方向为"顶"。单击对话框中的"草绘"按钮，绘制如图 4-56 所示的截面草图，单击"完成"按钮✔。

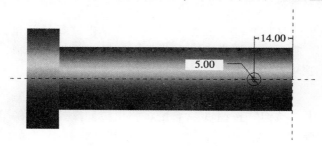

图 4-56　截面草图（32）

⑤在操控板中选择拉伸类型为 ，选择移除材料，单击"完成"按钮✅，拉伸结果如图 4-57 所示。

图 4-57　拉伸结果（15）

⑥单击工具栏中的"倒圆角"按钮 ，系统将弹出圆角特征操控板，选取如图

4-58所示的边，然后在操控板中输入倒角半径"3"。单击"完成"按钮 ☑，结果如图4-59 所示。

图 4-58　倒角边（1）　　　　　　　　　图 4-59　倒角（5）

⑦单击系统工具栏中的"保存"按钮 🖫，指定文件保存的路径。单击"确定"按钮保存部件。

（4）创建第四个部件

①选择下拉菜单"文件"—"新建"命令（或单击"新建"按钮 🗋），系统将弹出"新建"对话框。在对话框"类型"选项组中选择"零件"选项，"子类型"选项组中选择"实体"选项。在"名称"文本框中输入文件名"taper"。单击"确定"按钮，完成文件创建。

②选择工具栏中"拉伸"按钮 🗗，系统将弹出拉伸操控板。在操控板中单击"放置"按钮，然后在弹出的界面中单击"定义"按钮，将弹出"草绘"对话框，选取FRONT 平面作为草绘平面，使用 RIGHT 参照平面，方向为"顶"。单击对话框中的"草绘"按钮，绘制如图 4-60 所示的截面草图，单击"完成"按钮 ✓。

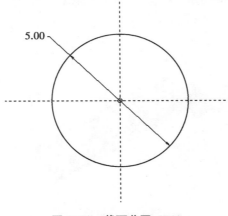

5.00

图 4-60　截面草图（33）

③在操控板中选择拉伸类型为 ，单击"完成"按钮 ☑，拉伸结果如图 4-61 所示。

**图 4-61　拉伸结果（16）**

④单击工具栏中的"倒圆角"按钮 ⌒，系统将弹出圆角特征操控板，选取如图 4-62所示的倒角边，然后在操控板中输入倒角半径"3"。单击"完成"按钮 ☑，结果如图 4-63。

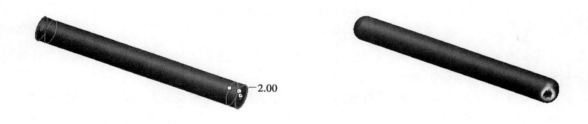

—2.00

**图 4-62　选取倒角边（7）**　　　　　　　　　　**图 4-63　倒角（6）**

⑤单击系统工具栏中的"保存"按钮 🖫，指定文件保存的路径，单击"确定"按钮保存部件。

（5）装配

①选择下拉菜单"文件"—"新建"命令（或单击"新建"按钮 🗋），系统将弹出"新建"对话框。在对话框"类型"选项组中选择"组件"选项，"子类型"选项组中选择"设计"选项。在"名称"文本框中输入文件名"asm2"。单击"确定"按钮，完成文件创建。

②引入第一个元件，单击工具栏中的"装配"按钮 🗗，然后在弹出的文件"打开"对话框中，选取 fork. prt，单击"打开"按钮。系统将弹出如图 4-64 所示的元件放置操控板，在该操控板中单击"放置"按钮，在"放置"界面的"约束类型"下拉列表中选择"缺省"选项，将元件默认放置，此时"状态"区域显示的信息为"完全约束"。单击操控板中的"完成"按钮 ☑，结果如图 4-65 所示。

图4-64 元件放置操控板（2）

图4-65 引入第一个元件（2）

③装配第二个元件。

• 引入第二个元件eye. prt，并将其调整到合适的位置。在元件放置操控板中单击"放置"按钮，系统将弹出"放置"界面。

• 在"放置"界面的"约束类型"下拉列表框中选择"配对"选项，然后选取如图4-66所示的配对面（面一），在"放置"界面的"偏移"下拉列表框中选择"重合"选项。

• 在"放置"界面中单击"新建约束"字符，在"放置"界面的"约束类型"下拉列表框中选择"对齐"选项，然后选取如图4-66所示的两条轴线（轴一）。

• 单击操控板中的"完成"按钮☑，完成装配约束的创建，如图4-67所示。

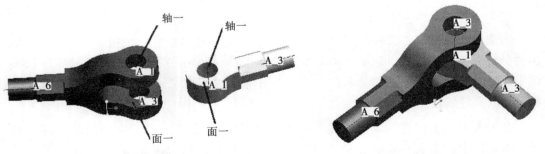

图4-66 配对面和轴（1）        图4-67 引入第二个元件（1）

④引入第三个元件。

• 引入第二个元件pin. prt，并将其调整到合适的位置。在元件放置操控板中单击

"放置"按钮，系统将弹出"放置"界面。

● 在"放置"界面的"约束类型"下拉列表框中选择"配对"选项，然后选取如图 4-68 所示的配对面（面一），在"放置"界面的"偏移"下拉列表框中选择"重合"选项。

● 在"放置"界面中单击"新建约束"字符，在"放置"界面的"约束类型"下拉列表框中选择"对齐"选项，然后选取如图 4-68 所示的两条轴线（轴一）。

● 单击操控板中的"完成"按钮，完成装配约束的创建，如图 4-69 所示。

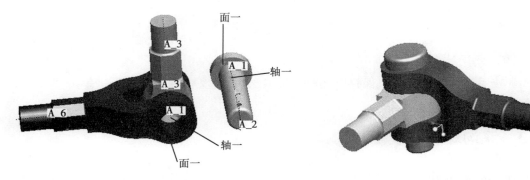

图 4-68　配对面和轴（2）　　　　　图 4-69　引入第三个元件（1）

⑤引入第四个元件。

● 引入第二个元件 taper. prt，并将其调整到合适的位置。在元件放置操控板中单击"放置"按钮，系统将弹出"放置"界面。

● 在"放置"界面的"约束类型"下拉列表框中选择"对齐"选项，然后选取如图 4-70 所示的两条轴（轴一）。

● 将其调整到图 4-71 所示的位置，在"放置"界面中单击"新建约束"按钮，在"放置"界面的"约束类型"下拉列表框中选择"固定"选项。

● 单击操控板中的"完成"按钮，完成装配约束的创建，如图 4-72 所示。

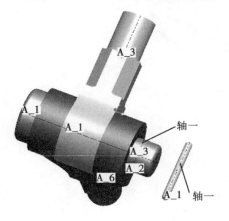

图 4-70　配对轴

图 4-71　固定约束位置

图4-72　最终装配体

（6）保存

单击系统工具栏中的"保存"图标按钮 ▢，指定文件保存的路径，单击"确定"按钮保存元件。

## 4.3　深沟球轴承装配

### 4.3.1　实例概述

本例主要介绍了如图4-73所示轴承装配体模型的创建过程，模型包括内圈、外圈、滚动体和保持架四部分。首先创建外圈、内圈、滚动体和保持架零件模型，然后建立装配文件，依次导入零件模型，添加约束，最后完成装配体创建。

图4-73　轴承装配体（1）

### 4.3.2　创建步骤

（1）创建外圈模型

①选择下拉菜单"文件"—"新建"命令（或单击"新建"按钮 ▢），系统将弹出"新建"对话框。在对话框"类型"选项组中选择"零件"选项，在"子类型"选项组中选择"实体"选项。在"名称"文本框中输入文件名"outer"。单击"确定"按钮，完成文件创建。

②选择工具栏中"旋转"按钮 ⟡，系统将弹出旋转操控板。在操控板中单击"放置"按钮，然后在弹出的界面中单击"定义"按钮，将弹出"草绘"对话框，选取 FRONT 基准平面为草绘平面，RIGHT 基准平面为参照平面，方向为"右"。单击对话框中的"草绘"按钮，绘制如图 4-74 所示的截面草图，单击"完成"按钮 ✔。注意要用中心线画一条过原点的竖直线作为旋转轴。

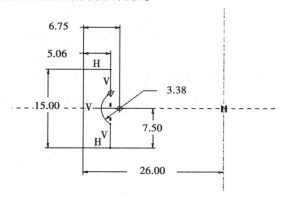

图 4-74　截面草图（34）

③单击"完成"按钮 ✔，可得到旋转结果，如图 4-75 所示。

图 4-75　拉伸结果（17）

④单击工具栏中的"倒圆角"按钮 ⟲，系统将弹出圆角特征操控板，选取如图 4-76 所示的倒角边，然后在操控板中输入倒角半径"2"。单击"完成"按钮 ✔，结果如图 4-77 所示。

图 4-76　选取倒角边（8）

图 4-77　外圈

⑤单击系统工具栏中的"保存"按钮 💾，指定文件保存的路径，单击"确定"按

钮保存模型。

（2）创建内圈模型

①选择下拉菜单"文件"—"新建"命令（或单击"新建"按钮），系统将弹出"新建"对话框。在对话框"类型"选项组中选择"零件"选项，在"子类型"选项组中选择"实体"选项。在"名称"文本框中输入文件名"inner"。单击"确定"按钮，完成文件创建。

②选择工具栏中"旋转"按钮，系统将弹出旋转操控板。在操控板中单击"放置"按钮，然后在弹出的界面中单击"定义"按钮，将弹出"草绘"对话框，选取FRONT基准平面为草绘平面，RIGHT基准平面为参照平面，方向为"右"。单击对话框中的"草绘"按钮，绘制如图4-78所示的截面草图，单击"完成"按钮。注意要用中心线画一条过原点的竖直线作为旋转轴。

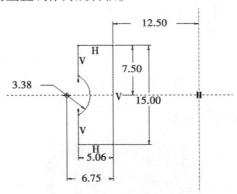

图4-78　截面草图（35）

③单击"完成"按钮，可得到旋转结果，如图4-79所示。

图4-79　旋转结果（3）

④单击工具栏中的"倒圆角"按钮，系统将弹出圆角特征操控板，选取如图4-80所示的边，然后在操控板中输入倒角半径"2"。单击"完成"按钮，结果如图4-81所示。

图 4-80　选取倒角边（9）

图 4-81　内圈

⑤单击系统工具栏中的"保存"按钮 💾，指定文件保存的路径，单击"确定"按钮保存模型。

（3）创建滚动体

①选择下拉菜单"文件"—"新建"命令（或单击"新建"按钮 🗋），系统将弹出"新建"对话框。在对话框"类型"选项组中选择"零件"选项，在"子类型"选项组中选择"实体"选项。在"名称"文本框中输入文件名"ball"。单击"确定"按钮，完成文件创建。

②选择工具栏中"旋转"按钮 ⊕，系统将弹出旋转操控板。在操控板中单击"放置"按钮，然后在弹出的界面中单击"定义"按钮，将弹出"草绘"对话框，选取FRONT 基准平面为草绘平面，RIGHT 基准平面为参照平面，方向为"右"。单击对话框中的"草绘"按钮，绘制如图 4-82 所示的截面草图，单击"完成"按钮 ✔。注意要用中心线画一条过原点的竖直线作为旋转轴。

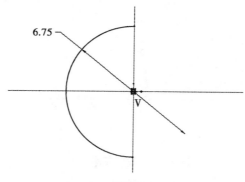

图 4-82　截面草图（36）

③单击"完成"按钮 ✔，可得到旋转结果，如图 4-83 所示。

图4-83　滚动体

④单击系统工具栏中的"保存"按钮🖫，指定文件保存的路径，单击"确定"按钮保存模型。

（4）创建保持架

①选择下拉菜单"文件"—"新建"命令（或单击"新建"按钮🗋），系统将弹出"新建"对话框。在对话框"类型"选项组中选择"零件"选项，在"子类型"选项组中选择"实体"选项。在"名称"文本框中输入文件名"cage"。单击"确定"按钮，完成文件创建。

②选择工具栏中"旋转"按钮💠，系统将弹出旋转操控板。在操控板中单击"放置"按钮，然后在弹出的界面中单击"定义"按钮，将弹出"草绘"对话框，选取FRONT基准平面为草绘平面，RIGHT基准平面为参照平面，方向为"右"。单击对话框中的"草绘"按钮，绘制如图4-84所示的截面草图，单击"完成"按钮✔。注意要用中心线画一条过原点的竖直线作为旋转轴。

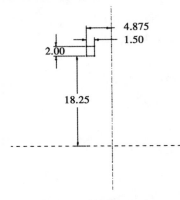

图4-84　截面草图（37）

③单击"完成"按钮✅，可得到旋转结果，如图4-85所示。

图 4-85  旋转结果（4）

④选取上一步骤创建的特征，单击工具栏中的"阵列"按钮▦，系统将弹出阵列控制面板，在阵列类型下拉列表中选择"轴"选项，选取坐标系 Z 轴，输入阵列数量"10"，角度增量值"36"。单击"完成"按钮☑，结果如图 4-86 所示。

图 4-86  阵列结果（3）

⑤选择工具栏中"拉伸"按钮◰，系统将弹出拉伸操控板。在操控板中单击"放置"按钮，然后在弹出的界面中单击"定义"按钮，将弹出"草绘"对话框，选取 FRONT 平面作为草绘平面，使用 RIGHT 参照平面，方向为"右"。单击对话框中的"草绘"按钮，绘制如图 4-87 所示的截面草图，单击"完成"按钮☑。

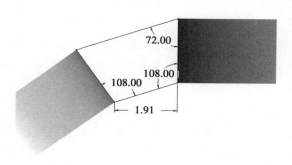

图 4-87  截面草图（38）

⑥在操控板中选择拉伸类型为 ⬚，输入拉伸深度"2"，单击"完成"按钮 ✓，拉伸结果如图4-88所示。

图4-88　拉伸结果（18）

⑦选取上一步骤创建的特征，单击工具栏中的"阵列"按钮 ▦，系统将弹出阵列控制面板，在阵列类型下拉列表中选择"轴"选项，选取坐标系Z轴，输入阵列数量"10"，输入角度增量值"36"。单击"完成"按钮 ✓，结果如图4-89所示。

图4-89　保持架

⑧单击系统工具栏中的"保存"图标按钮 💾，指定文件保存的路径，单击"确定"按钮保存模型。

（5）装配图

①选择下拉菜单"文件"—"新建"命令（或单击"新建"按钮 ▢），系统将弹出"新建"对话框。在对话框"类型"选项组中选择"组件"选项，在"子类型"选项组中选择"设计"选项。在"名称"文本框中输入文件名"asm3"。单击"确定"按钮，完成文件创建。

②引入第一个元件，单击工具栏中的"装配"按钮 ⬒，然后在弹出的文件"打开"对话框中，选取inner.prt，单击"打开"按钮。系统将弹出如图4-90所示的元件放置操控板，在该操控板中单击"放置"按钮，在"放置"界面的"约束类型"下拉列表中选择"缺省"选项，将元件默认放置，此时，"状态"区域显示的信息为"完全约束"，单击操控板中的"完成"按钮 ✓，结果如图4-91所示。

图 4-90　元件放置操控板（3）

图 4-91　引入第一个元件（3）

③装配第二个元件。

• 引入第二个元件 ball. prt，并将其调整到合适的位置。在元件放置操控板中单击"放置"按钮，系统将弹出"放置"界面。

• 在"放置"界面的"约束类型"下拉列表框中选择"对齐"选项，然后选取如图 4-92 所示的对齐面（面一），在"放置"界面的"偏移"下拉列表框中选择"重合"选项。

• 在"放置"界面中单击"新建约束"字符，在"放置"界面的"约束类型"下拉列表框中选择"对齐"选项，选取如图 4-92 所示的对齐面（面二），在"放置"界面的"偏移"下拉列表框中选择"重合"选项。

• 在"放置"界面中单击"新建约束"字符，在"放置"界面的"约束类型"下拉列表框中选择"对齐"选项，选取如图 4-92 所示的对齐面（面三），在"放置"界面的"偏移"下拉列表框中选择"偏移"选项，输入偏移值"19. 25"。

• 单击操控板中的"完成"按钮 ☑，完成装配约束的创建，如图 4-93 所示。

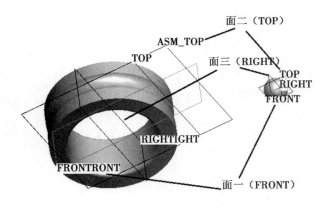

图 4-92　选择对齐面（1）　　　　　图 4-93　引入第二个元件（2）

④装配第三个元件。

• 引入第二个元件 cage. prt，并将其调整到合适的位置。在元件放置操控板中单击"放置"按钮，系统将弹出"放置"界面。

• 在"放置"界面的"约束类型"下拉列表框中选择"对齐"选项，然后选取如图 4-94 所示的对齐面（面一），在"放置"界面的"偏移"下拉列表框中选择"重合"选项。

• 在"放置"界面中单击"新建约束"字符，在"放置"界面的"约束类型"下拉列表框中选择"对齐"选项，选取如图 4-94 所示的对齐面（面二），在"放置"界面的"偏移"下拉列表框中选择"重合"选项。

• 在"放置"界面中单击"新建约束"字符，在"放置"界面的"约束类型"下拉列表框中选择"对齐"选项，选取如图 4-94 所示的对齐面（面三），在"放置"界面的"偏移"下拉列表框中选择"重合"选项。

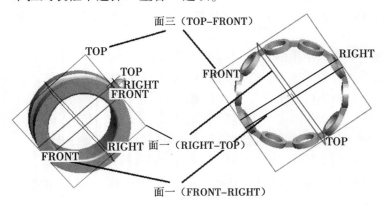

图 4-94　选择对齐面（2）

• 单击操控板中的"完成"按钮 ，完成装配约束的创建，如图 4-95 所示。

图 4-95　引入第三个元件（2）

⑤选取上一步骤创建的特征，单击工具栏中的"阵列"按钮▦，系统将弹出阵列控制面板，在阵列类型下拉列表中选择"轴"选项，选取如图 4-96 所示内圈中心的坐标系 Y 轴，输入阵列数量"10"，角度增量值"36"。单击"完成"按钮☑，结果如图4-97 所示。

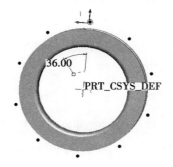

图 4-96　选取阵列中心轴

图 4-97　阵列滚动体

⑥引入第四个元件。

●引入第二个元件 outer. prt，并将其调整到合适的位置。在元件放置操控板中单击"放置"按钮，系统将弹出"放置"界面。

●在"放置"界面的"约束类型"下拉列表框中选择"坐标系"选项，然后选取如图 4-98 所示的两个坐标系。

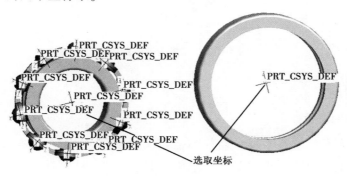

图 4-98　选取坐标系（2）

●单击操控板中的"完成"按钮✅，完成装配约束的创建，如图4-99所示。

图4-99 轴承装配体（2）

（6）保存

单击系统工具栏中的"保存"按钮💾，指定文件保存的路径。单击"确定"按钮保存模型。

## 4.4 车床刀架装配

### 4.4.1 实例概述

本例主要介绍如图4-100所示车床刀架装配体模型的创建过程。首先，创建车架各部件；然后，创建刀体和刀片；接着，创建装配文件，导入各零件并施加约束；最后，完成刀架装配体创建。

图4-100 车床刀架装配体

### 4.4.2 创建步骤

（1）绘制刀架溜板

①选择下拉菜单"文件"—"新建"命令（或单击"新建"按钮📄），系统将弹出"新建"对话框。在对话框"类型"选项组中选择"零件"选项，在"子类型"选项组中选择"实体"选项。在"名称"文本框中输入文件名"base"。单击"确定"按钮，完成文件创建。

②选择工具栏中"拉伸"按钮 ，系统将弹出拉伸操控板。在操控板中单击"放置"按钮，然后在弹出的界面中单击"定义"按钮，将弹出"草绘"对话框，选取 FRONT 基准平面作为草绘平面，RIGHT 基准平面为参照平面，方向为"右"。单击对话框中的"草绘"按钮，绘制如图 4-101 所示的截面草图，单击"完成"按钮 。

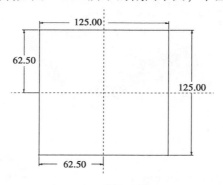

图 4-101  截面草图（39）

③在操控板中选择拉伸类型为 ，输入拉伸深度"30"，单击"完成"按钮 ，拉伸结果如图 4-102 所示。

图 4-102  拉伸结果（19）

④选择工具栏中"拉伸"按钮 ，系统将弹出拉伸操控板。在操控板中单击"放置"按钮，然后在弹出的界面中单击"定义"按钮，将弹出"草绘"对话框，选取如图 4-103 所示平面作为草绘平面，RIGHT 基准平面为参照平面，方向为"顶"；单击对话框中的"草绘"按钮，绘制如图 4-104 所示的截面草图，单击"完成"按钮 。

图 4-103  草绘平面（9）

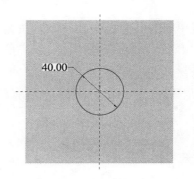

图 4-104  截面草图（40）

⑤在操控板中选择拉伸类型为 [图标] ，输入拉伸深度"10"，单击"完成"按钮 [图标] ，拉伸结果如图4-105所示。

**图4-105　拉伸结果（20）**

⑥选择工具栏中"拉伸"按钮 [图标] ，系统将弹出拉伸操控板。在操控板中单击"放置"按钮，然后在弹出的界面中单击"定义"按钮，将弹出"草绘"对话框，选取如图4-103所示平面作为草绘平面，RIGHT基准平面为参照平面，方向为"顶"。单击对话框中的"草绘"按钮，绘制如图4-106所示的截面草图，单击"完成"按钮 [图标] 。

⑦在操控板中选择拉伸类型为 [图标] ，输入拉伸深度"25"，选择去除材料按钮 [图标] ，单击"完成"按钮 [图标] ，拉伸结果如图4-107所示。

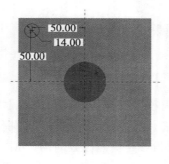

**图4-106　截面草图（41）**

**图4-107　拉伸结果（21）**

⑧选择工具栏中"拉伸"按钮 [图标] ，系统将弹出拉伸操控板。在操控板中单击"放置"按钮，然后在弹出的界面中单击"定义"按钮，将弹出"草绘"对话框，选取上一步骤创建的孔底面作为草绘平面，RIGHT基准平面为参照平面，方向为"顶"。单击对话框中的"草绘"按钮，绘制如图4-108所示的截面草图，单击"完成"按钮 [图标] 。

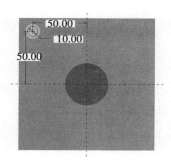

图 4-108 截面草图（42）

⑨在操控板中选择拉伸类型为⬚，选择去除材料按钮⬚，单击"完成"按钮⬚，拉伸结果如图 4-109 所示。

⑩选取⑧⑨两步骤创建的孔，然后单击工具栏中的"镜像"命令按钮⬚，系统将弹出镜像控制板，两次使用镜像，通过选取 RIGHT 和 TOP 基准平面作为镜像平面，可得到如图 4-110 所示的 4 个孔。

图 4-109 拉伸结果（22）

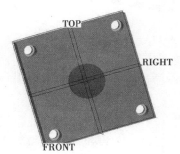

图 4-110 镜像孔

⑪选择工具栏中"拉伸"按钮⬚，系统将弹出拉伸操控板。在操控板中单击"放置"按钮，然后在弹出的界面中单击"定义"按钮，将弹出"草绘"对话框，选取如图 4-111 所示平面作为草绘平面，RIGHT 基准平面为参照平面，方向为"顶"。单击对话框中的"草绘"按钮，绘制如图 4-112 所示的截面草图，单击"完成"按钮⬚。

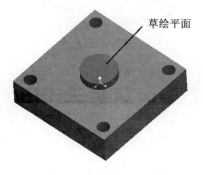

图 4-111 草绘平面（10）

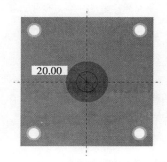

图 4-112 截面草图（43）

⑫在操控板中选择拉伸类型为 ⊞⊪，选择去除材料按钮 ◹ ，单击"完成"按钮 ✓ ，拉伸结果如图 4-113 所示。

⑬选择工具栏中"旋转"按钮 ◈ ，系统将弹出旋转操控板。在操控板中单击"放置"按钮，然后在弹出的界面中单击"定义"按钮，将弹出"草绘"对话框，选取 TOP 基准平面为草绘平面，RIGHT 基准平面为参照平面，方向为"左"。单击对话框中的"草绘"按钮，绘制如图 4-114 所示的截面草图，单击"完成"按钮 ✓ 。注意要用中心线画一条旋转轴。

图 4-113　拉伸结果（23）

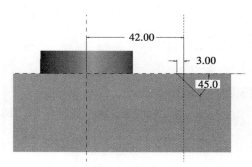

图 4-114　截面草图（44）

⑭选择去除材料按钮 ◹ ，然后单击"完成"按钮 ✓ ，可得到旋转结果，如图 4-115所示。

⑮选取上一步骤创建的旋转特征，然后单击工具栏中的"阵列"按钮 ▦ ，系统将弹出阵列控制面板，在阵列类型下拉列表中选择"轴"选项，选取基准轴 A_1，输入阵列数量"4"，输入角度增量值"90"。单击"完成"按钮 ✓ ，结果如图 4-116 所示。

图 4-115　旋转结果（5）

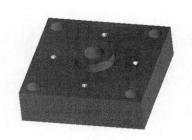

图 4-116　刀架溜板

⑯单击系统工具栏中的"保存"按钮 🖫 ，指定文件保存的路径。单击"确定"按钮进行保存。

（2）绘制刀架体

①选择下拉菜单"文件"—"新建"命令（或单击"新建"按钮 ▯ ），系统将弹出"新建"对话框。在对话框"类型"选项组中选择"零件"选项，在"子类型"选

项组中选择"实体"选项。在"名称"文本框中输入文件名"toolholder"。单击"确定"按钮,完成文件创建。

②选择工具栏中"拉伸"按钮 ,系统将弹出拉伸操控板。在操控板中单击"放置"按钮,然后在弹出的界面中单击"定义"按钮,将弹出"草绘"对话框,选取FRONT 基准平面作为草绘平面,RIGHT 基准平面为参照平面,方向为"右"。单击对话框中的"草绘"按钮,绘制如图 4-117 所示的截面草图,单击"完成"按钮 ✔。

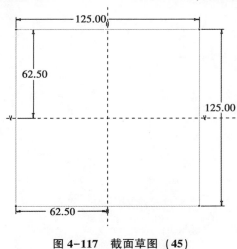

**图 4-117 截面草图 (45)**

③在操控板中选择拉伸类型为 ,输入拉伸深度"20",单击"完成"按钮 ☑,拉伸结果如图 4-118 所示。

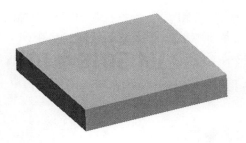

**图 4-118 拉伸结果 (24)**

④选择工具栏中"拉伸"按钮 ,系统将弹出拉伸操控板。在操控板中单击"放置"按钮,然后在弹出的界面中单击"定义"按钮,将弹出"草绘"对话框,选取如图 4-119 所示平面作为草绘平面,RIGHT 基准平面为参照平面,方向为"右"。单击对话框中的"草绘"按钮,绘制如图 4-120 所示的截面草图,单击"完成"按钮 ✔。

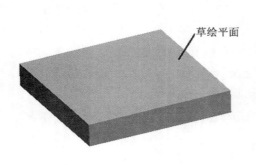

图 4-119　草绘平面（11）

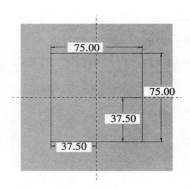

图 4-120　截面草图（46）

⑤在操控板中选择拉伸类型为　，输入拉伸深度"40"，单击"完成"按钮　，拉伸结果如图 4-121 所示。

图 4-121　拉伸结果（25）

⑥选择工具栏中"拉伸"按钮　，系统将弹出拉伸操控板。在操控板中单击"放置"按钮，然后在弹出的界面中单击"定义"按钮，将弹出"草绘"对话框，选取如图 4-122 所示平面作为草绘平面，RIGHT 基准平面为参照平面，方向为"右"。单击对话框中的"草绘"按钮，绘制如图 4-123 所示的截面草图，单击"完成"按钮　。

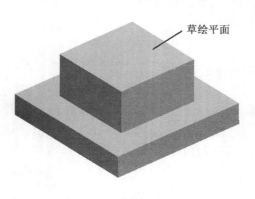

图 4-122　草绘平面（12）

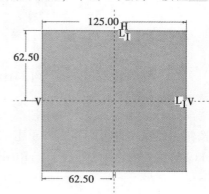

图 4-123　截面草图（47）

⑦在操控板中选择拉伸类型为 ⊥，输入拉伸深度"30"，单击"完成"按钮 ✓，拉伸结果如图4-124所示。

图 4-124  拉伸结果（26）

⑧选择工具栏中"拉伸"按钮 ⬄，系统将弹出拉伸操控板。在操控板中单击"放置"按钮，然后在弹出的界面中单击"定义"按钮，将弹出"草绘"对话框，选取如图4-125所示平面作为草绘平面，RIGHT基准平面为参照平面，方向为"右"。单击对话框中的"草绘"按钮，绘制如图4-126所示的截面草图，单击"完成"按钮 ✓。

图 4-125  草绘平面（13）

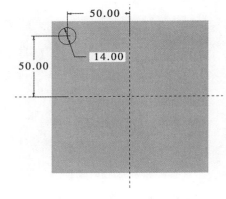

图 4-126  截面草图（48）

⑨在操控板中选择拉伸类型为 ╫，选择去除材料按钮 ⬠，单击"完成"按钮 ✓，拉伸结果如图4-127所示。

⑩选取上一步骤创建的特征，然后单击工具栏中的"阵列"按钮 ▦，系统将弹出阵列控制面板，在阵列类型下拉列表中选择"轴"选项，选取基准轴Z轴，输入阵列数量"4"，输入角度增量值"90"。单击"完成"按钮 ✓，结果如图4-128所示。

图 4-127　拉伸结果（27）

图 4-128　阵列结果（4）

⑪选择工具栏中"拉伸"按钮 ，系统将弹出拉伸操控板。在操控板中单击"放置"按钮，然后在弹出的界面中单击"定义"按钮，将弹出"草绘"对话框，选取如图 4-125 所示平面作为草绘平面，RIGHT 基准平面为参照平面，方向为"右"。单击对话框中的"草绘"按钮，绘制如图 4-129 所示的截面草图，单击"完成"按钮 。

⑫在操控板中选择拉伸类型为 ，选择去除材料按钮 ，单击"完成"按钮 ，拉伸结果如图 4-130 所示。

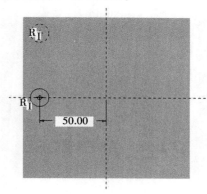

图 4-129　截面草图（49）

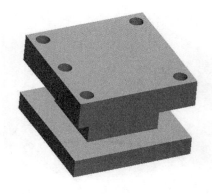

图 4-130　拉伸结果（28）

⑬选取上一步骤创建的特征，然后单击工具栏中的"阵列"按钮 ，系统将弹出阵列控制面板，在阵列类型下拉列表中选择"轴"选项，选取基准轴 Z 轴，输入阵列数量"4"，输入角度增量值"90"。单击"完成"按钮 ，结果如图 4-131 所示。

图 4-131  阵列结果（5）

⑭选择工具栏中"拉伸"按钮 ⬜，系统将弹出拉伸操控板。在操控板中单击"放置"按钮，然后在弹出的界面中单击"定义"按钮，将弹出"草绘"对话框，选取如图 4-132 所示平面作为草绘平面，RIGHT 基准平面为参照平面，方向为"左"。单击对话框中的"草绘"按钮，绘制如图 4-133 所示的截面草图，单击"完成"按钮 ✔。

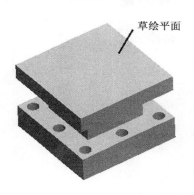

图 4-132  草绘平面（14）

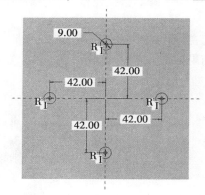

图 4-133  截面草图（50）

⑮在操控板中选择拉伸类型为 ⬜，输入拉伸深度"15"，选择去除材料按钮 ⬜，单击"完成"按钮 ✔，拉伸结果如图 4-134 所示。

图 4-134  拉伸结果（29）

⑯选择工具栏中"拉伸"按钮 ⯐，系统将弹出拉伸操控板。在操控板中单击"放置"按钮，然后在弹出的界面中单击"定义"按钮，将弹出"草绘"对话框，选取如图 4-135 所示平面作为草绘平面，RIGHT 基准平面为参照平面，方向为"左"。单击对话框中的"草绘"按钮，绘制如图 4-136 所示的截面草图，单击"完成"按钮 ✓。

图 4-135　草绘平面（15）

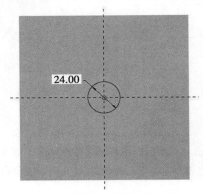

图 4-136　截面草图（51）

⑰在操控板中选择拉伸类型为 ᇤᇥ，选择去除材料按钮 ⬠，单击"完成"按钮 ✓，拉伸结果如图 4-137 所示。

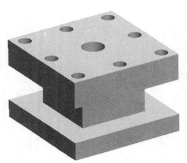

图 4-137　拉伸结果（30）

⑱选择工具栏中"拉伸"按钮 ⯐，系统将弹出拉伸操控板。在操控板中单击"放置"按钮，然后在弹出的界面中单击"定义"按钮，将弹出"草绘"对话框，选取如图 4-138 所示平面作为草绘平面，RIGHT 基准平面为参照平面，方向为"左"。单击对话框中的"草绘"按钮，绘制如图 4-139 所示的截面草图，单击"完成"按钮 ✓。

草绘平面

图 4-138 草绘平面（16）

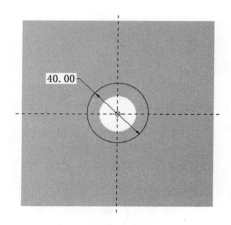

40.00

图 4-139 截面草图（52）

⑲在操控板中选择拉伸类型为 ，输入拉伸深度"12"，选择去除材料按钮 ，单击"完成"按钮 ，拉伸结果如图 4-140 所示。

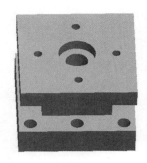

图 4-140 拉伸结果（31）

⑳单击系统工具栏中的"保存"按钮 ，指定文件保存的路径，单击"确定"按钮进行保存。

（3）绘制轴

①选择下拉菜单"文件"—"新建"命令（或单击"新建"按钮 ），系统将弹出"新建"对话框。在对话框"类型"选项组中选择"零件"选项，在"子类型"选项组中选择"实体"选项。在"名称"文本框中输入文件名"stud"。单击"确定"按钮，完成文件创建。

②选择工具栏中"拉伸"按钮 ，系统将弹出拉伸操控板。在操控板中单击"放置"按钮，然后在弹出的界面中单击"定义"按钮，将弹出"草绘"对话框，选取 FRONT 基准平面作为草绘平面，RIGHT 基准平面为参照平面，方向为"右"。单击对话框中的"草绘"按钮，绘制如图 4-141 所示的截面草图，单击"完成"按钮 。

③在操控板中选择拉伸类型为 ，输入拉伸深度"178"，单击"完成"按钮 ，拉伸结果如图 4-142 所示。

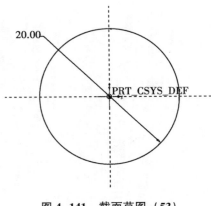

图 4-141  截面草图 (53)

图 4-142  拉伸结果 (32)

④单击工具栏中的"边倒角"按钮 ，系统将弹出边倒角控制面板，按下 Ctrl 键选取如图 4-143 所示的两条倒角边，然后将控制面板按照如图 4-144 所示设置，单击"完成"按钮 ，完成倒角的创建，如图 4-145 所示。

图 4-143  倒角边 (2)

图 4-144  控制面板 (1)

图 4-145  轴

⑤单击系统工具栏中的"保存"按钮 ，指定文件保存的路径，单击"确定"按钮进行保存。

（4）绘制钢球

①选择下拉菜单"文件"—"新建"命令（或单击"新建"按钮 □），系统将弹出"新建"对话框。在对话框"类型"选项组中选择"零件"选项，在"子类型"选项组中选择"实体"选项。在"名称"文本框中输入文件名"sphere"。单击"确定"按钮，完成文件创建。

②选择工具栏中"旋转"按钮 ⬥，系统将弹出旋转操控板。在操控板中单击"放置"按钮，然后在弹出的界面中单击"定义"按钮，将弹出"草绘"对话框，选取FRONT 基准平面为草绘平面，RIGHT 基准平面为参照平面，方向为"右"。单击对话框中的"草绘"按钮，绘制如图 4-146 所示的截面草图，单击"完成"按钮 ✅。注意要用中心线画一条旋转轴。

③单击"完成"按钮 ✅，可得到旋转结果，如图 4-147 所示。

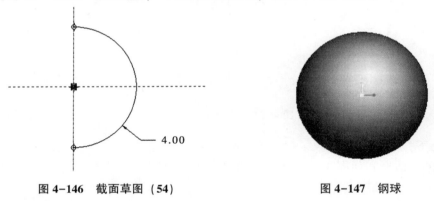

图 4-146　截面草图（54）　　　　　　　　图 4-147　钢球

④单击工具栏中的"轴"命令按钮 ⁄，选取球的表面作为参照，创建基准轴，如图 4-148 所示。

图 4-148　创建基准轴

⑤单击系统工具栏中的"保存"按钮 💾，指定文件保存的路径，单击"确定"按钮进行保存。

（5）创建弹簧

①选择下拉菜单"文件"—"新建"命令（或单击"新建"按钮 🗋），系统将弹出"新建"对话框。在对话框"类型"选项组中选择"零件"选项，在"子类型"选项组中选择"实体"选项。在"名称"文本框中输入文件名"spring"。单击"确定"按钮，完成文件创建。

②单击工具栏中的"轴"命令按钮 ⁄，选取坐标系 X 轴作为参照，创建基准轴，如图 4-149 所示。

A_1

**图 4-149　基准轴（1）**

③选择下拉菜单"插入"—"螺旋扫描"—"伸出项"命令，系统将弹出如图 4-150所示的对话框和如图 4-151 所示的属性菜单管理器。采取默认选项，选择"完成"按钮。

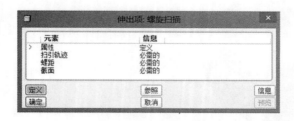

**图 4-150　"螺旋扫描"对话框**　　　　　　**图 4-151　属性菜单管理器**

④系统将弹出如图 4-152 所示的草绘平面菜单管理器，选取 FRONT 平面作为草绘平面，系统将弹出如图 4-153 所示的草绘方向菜单管理器，单击"确定"—"缺省"选项，进入草绘环境。

图 4-152  草绘平面（17）

图 4-153  草绘方向

⑤绘制如图 4-154 所示的轨迹线，然后单击草绘工具栏中的"完成"按钮 ✔。

⑥定义螺旋节距，在系统提示下输入节距值"4"，并按回车键。

⑦创建螺旋扫描特征的截面，进入草绘环境后，绘制如图 4-155 所示的截面图形，然后单击草绘工具栏中的"完成"按钮 ✔。

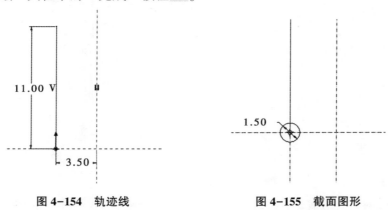

图 4-154  轨迹线                    图 4-155  截面图形

⑧单击"螺旋扫描"对话框中的"确定"按钮，完成螺旋扫描特征的创建，如图 4-156所示。

图 4-156  螺旋扫描特征

⑨单击系统工具栏中的"保存"按钮 🖫，指定文件保存的路径，单击"确定"按钮进行保存。

（6）绘制螺钉

①选择下拉菜单"文件"—"新建"命令（或单击"新建"按钮 □），系统将弹出"新建"对话框。在对话框"类型"选项组中选择"零件"选项，在"子类型"选项组中选择"实体"选项。在"名称"文本框中输入文件名"screw"。单击"确定"按钮，完成文件创建。

②选择工具栏中"旋转"按钮 ⬦，系统将弹出旋转操控板。在操控板中单击"放置"按钮，然后在弹出的界面中单击"定义"按钮，将弹出"草绘"对话框，选取FRONT基准平面为草绘平面，RIGHT基准平面为参照平面，方向为"右"。单击对话框中的"草绘"按钮，绘制如图4-157所示的截面草图，单击"完成"按钮 ✔。注意要用中心线画一条旋转轴。

③单击"完成"按钮 ✔，可得到旋转结果，如图4-158所示。

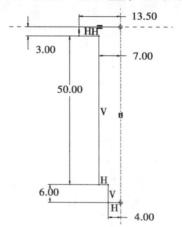

图4-157　截面草图（55）　　　　　　　图4-158　旋转结果（6）

④单击工具栏中的"边倒角"按钮 ⬦，系统将弹出边倒角控制面板，选取如图4-159所示的倒角边，然后控制面板按照如图4-160所示进行设置，单击"完成"按钮 ✔，完成倒角的创建。

图4-159　倒角边（3）　　　　　　　　图4-160　控制面板（2）

⑤选择工具栏中"拉伸"按钮 ⬚，系统将弹出拉伸操控板。在操控板中单击"放置"按钮，然后在弹出的界面中单击"定义"按钮，将弹出"草绘"对话框，选取如图 4-161 所示平面作为草绘平面，RIGHT 基准平面为参照平面，方向为"右"。单击对话框中的"草绘"按钮，绘制如图 4-162 所示的截面草图，单击"完成"按钮 ✔。

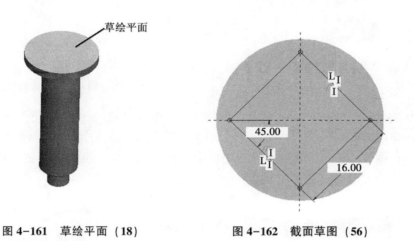

图 4-161　草绘平面（18）　　　　　图 4-162　截面草图（56）

⑥在操控板中选择拉伸类型为 ⬚，输入拉伸深度"15"，单击"完成"按钮 ☑，拉伸结果如图 4-163 所示。

图 4-163　拉伸结果（33）

⑦选择工具栏中"旋转"按钮 ⬥，系统将弹出旋转操控板。在操控板中单击"放置"按钮，然后在弹出的界面中单击"定义"按钮，将弹出"草绘"对话框，选取 FRONT 基准平面为草绘平面，RIGHT 基准平面为参照平面，方向为"右"。单击对话框中的"草绘"按钮，绘制如图 4-164 所示的截面草图，单击"完成"按钮 ✔。注意要用中心线画一条旋转轴。

⑧单击"完成"按钮 ☑，再单击旋转去除材料按钮 ⬚，可得到旋转结果，如图 4-165 所示。

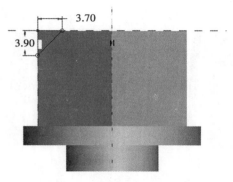

图 4-164　截面草图（57）　　　　　图 4-165　旋转结果（7）

⑨选择下拉菜单"插入"—"修饰"—"螺纹"命令，系统将弹出如图 4-166 所示修饰螺纹对话框。依次选取如图 4-167 所示的螺纹修饰曲面和螺纹起始曲面，模型即可显示如图 4-167 所示的螺纹深度方向箭头和方向菜单，点击"确定"按钮。

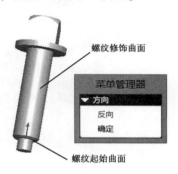

图 4-166　"修饰：螺纹"对话框　　　　图 4-167　深度方向（1）

⑩系统将弹出如图 4-168 所示的"指定到"菜单，选择"盲孔"—"完成"命令。然后输入螺纹长度值"35"后按回车键，输入螺纹小径值"12.6"后按回车键。系统将弹出如图 4-169 所示的特征参数菜单，选择"完成/返回"选项，接着，单击"修饰：螺纹"对话框中的"确定"按钮。最终结果如图 4-170 所示。

图 4-168　"指定到"菜单（1）　　　　图 4-169　特征参数菜单（1）

图 4-170 螺钉

⑪单击系统工具栏中的"保存"按钮 🖫，指定文件保存的路径。单击"确定"按钮进行保存。

（7）绘制手柄座

①选择下拉菜单"文件"—"新建"命令（或单击"新建"按钮 🗋），系统将弹出"新建"对话框。在对话框"类型"选项组中选择"零件"选项，在"子类型"选项组中选择"实体"选项。在"名称"文本框中输入文件名"clamp"。单击"确定"按钮，完成文件创建。

②选择工具栏中"旋转"按钮 ⊕，系统将弹出旋转操控板。在操控板中单击"放置"按钮，然后在弹出的界面中单击"定义"按钮，将弹出"草绘"对话框，选取FRONT 基准平面为草绘平面，RIGHT 基准平面为参照平面，方向为"右"。单击对话框中的"草绘"按钮，绘制如图 4-171 所示的截面草图，单击"完成"按钮 ✔。注意要用中心线画一条旋转轴。

③单击"完成"按钮 ✔，可得到旋转结果，如图 4-172 所示。

图 4-171 截面草图（58）　　　图 4-172 旋转结果（8）

④选择工具栏中"拉伸"按钮 🗗，系统将弹出拉伸操控板。在操控板中单击"放置"按钮，然后在弹出的界面中单击"定义"按钮，将弹出"草绘"对话框，选取如

图 4-173 所示平面作为草绘平面，RIGHT 基准平面为参照平面，方向为"右"。单击对话框中的"草绘"按钮，然后选取 FRONT 平面作为参照，绘制如图 4-174 所示的截面草图，单击"完成"按钮 ✔。

图 4-173　草绘平面（19）

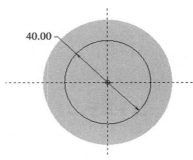

图 4-174　截面草图（59）

⑤在操控板中选择拉伸类型为 ⏚，输入拉伸深度"5"，选择去除材料按钮 ⟋，单击"完成"按钮 ☑，拉伸结果如图 4-175 所示。

图 4-175　拉伸结果（34）

⑥选择工具栏中"拉伸"按钮 ⧉，系统将弹出拉伸操控板。在操控板中单击"放置"按钮，然后在弹出的界面中单击"定义"按钮，将弹出"草绘"对话框，选取如图 4-176 所示平面作为草绘平面，RIGHT 基准平面为参照平面，方向为"右"。单击对话框中的"草绘"按钮，然后选取 FRONT 平面作为参照。绘制如图 4-177 所示的截面草图，单击"完成"按钮 ✔。

图 4-176　草绘平面（20）

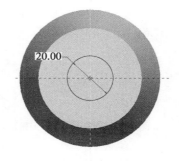

图 4-177　截面草图（60）

⑦在操控板中选择拉伸类型为 ，选择去除材料按钮 ，单击"完成"按钮 ，拉伸结果如图 4-178 所示。

图 4-178　拉伸结果（35）

⑧单击工具栏中的"平面"按钮 ，系统将弹出如图 4-179 所示"基准平面"对话框，并按照如图 4-179 所示进行设置，然后单击"确定"按钮，完成基准平面 DTM1 的创建。

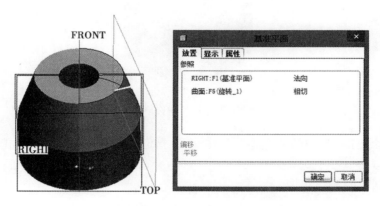

图 4-179　"基准平面"对话框（5）

⑨选择工具栏中"拉伸"按钮 ，系统将弹出拉伸操控板。在操控板中单击"放置"按钮，然后在弹出的界面中单击"定义"按钮，将弹出"草绘"对话框，选取 DTM1 平面作为草绘平面，RIGHT 基准平面为参照平面，方向为"左"，单击对话框中的"草绘"按钮，然后选取如图 4-180 所示边作为参照，绘制如图 4-180 所示的截面草图，单击"完成"按钮 。

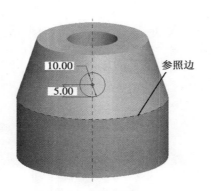

图 4-180　截面草图（61）

⑩在操控板中选择拉伸类型为 ⊟，选择去除材料按钮 ◿，单击"完成"按钮 ☑，拉伸结果如图 4-181 所示。

图 4-181　拉伸结果（36）

⑪单击系统工具栏中的"保存"按钮 ☐，指定文件保存的路径，单击"确定"按钮进行保存。

（8）绘制手柄

①选择下拉菜单"文件"—"新建"命令（或单击"新建"按钮 ☐），系统将弹出"新建"对话框。在对话框"类型"选项组中选择"零件"选项，在"子类型"选项组中选择"实体"选项。在"名称"文本框中输入文件名"handle"。单击"确定"按钮，完成文件创建。

②选择下拉菜单"插入"—"扫描"—"伸出项"，系统将弹出如图 4-182 和图 4-183 所示的两个选项卡。单击菜单管理器中的"草绘轨迹"选项，然后选择"平面"命令，选取 TOP 平面作为草绘平面，选择"确定"—"缺省"，进入草绘环境，绘制如图 4-184 所示的轨迹，单击"完成"按钮 ✔。

图 4-182　"扫描"对话框选项卡

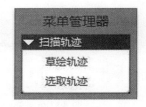

图 4-183　扫描轨迹选项卡

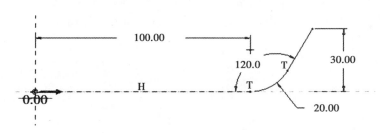

图 4-184　轨迹

③系统将弹出如图 4-185 所示的属性菜单管理器，单击"完成"按钮 。绘图区会自动转换到截面绘制视角，绘制如图 4-186 所示的截面草图，单击完成按钮 ✔ 。

图 4-185　属性

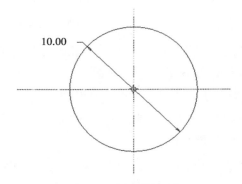

图 4-186　截面草图（62）

④单击"扫描"对话框中的"确定"按钮，结果如图 4-187 所示。

图 4-187　扫描结果（3）

⑤单击工具栏中的"轴"命令按钮 ╱ ，选取如图 4-188 所示曲面作为参照。选择穿过，创建基准轴，如图 4-189 所示。

参照曲面

基准轴

图 4-188　参照曲面　　　　　　　　　图 4-189　基准轴（2）

⑥单击工具栏中的"平面"按钮 $\square$ ，系统将弹出如图 4-190 所示"基准平面"对话框，并按照如图 4-190 所示进行设置，然后单击"确定"按钮，完成基准平面 DTM1 的创建。

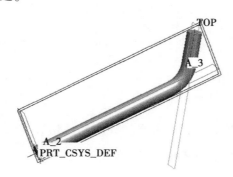

图 4-190　"基准平面"对话框（6）

⑦选择工具栏中"旋转"按钮 $\diamondsuit$ ，系统将弹出旋转操控板。在操控板中单击"放置"按钮，然后在弹出的界面中单击"定义"按钮，将弹出"草绘"对话框，选取 DTM1 基准平面为草绘平面，TOP 基准平面为参照平面，方向为"左"。单击对话框中的"草绘"按钮，绘制如图 4-191 所示的截面草图，单击"完成"按钮 ✓ 。注意要用中心线画一条旋转轴。

⑧然后单击"完成"按钮 ✓ ，旋转结果如图 4-192 所示。

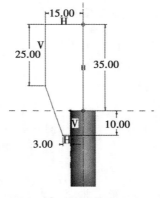

图 4-191　截面草图（63）　　　　　　图 4-192　旋转结果（9）

⑨单击工具栏中的"边倒角"按钮 ，系统将弹出边倒角控制面板，选取如图 4-193 所示的倒角边，然后按照如图 4-194 所示设置控制面板，单击"完成"按钮 ✓，完成倒角的创建。

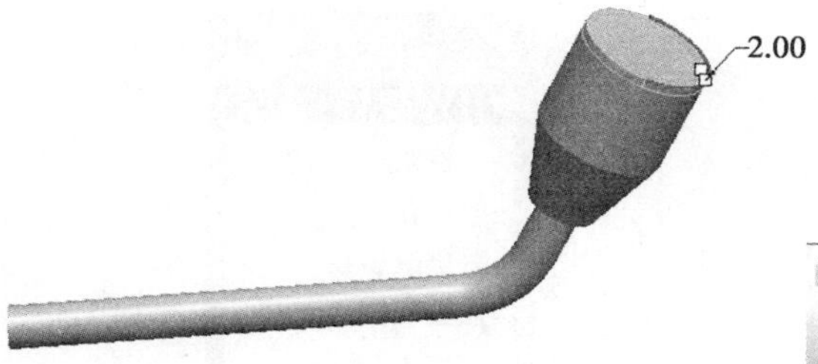

**图 4-193　倒角边（4）** 　　　　　　　　　　**图 4-194　控制面板（3）**

⑩单击工具栏中的"边倒角"按钮 ，系统将弹出边倒角控制面板，选取如图 4-195 所示的倒角边，然后按照如图 4-196 所示设置控制面板，单击"完成"按钮 ✓，完成倒角的创建。

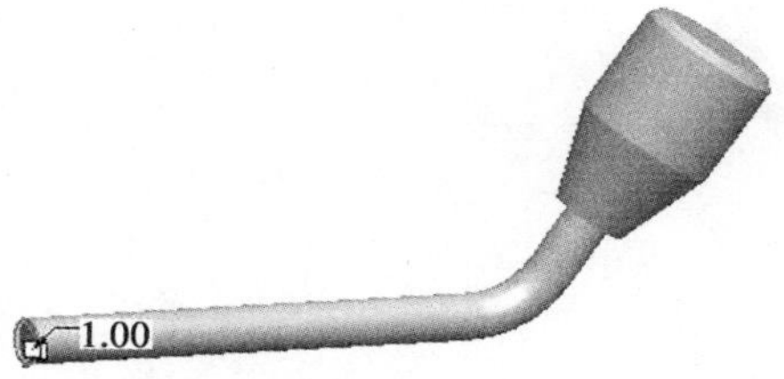

**图 4-195　倒角边（5）**

**图 4-196　控制面板（4）**

⑪选择下拉菜单"插入"—"修饰"—"螺纹"命令，系统将弹出如图 4-197 所示修饰螺纹对话框。依次选取如图 4-198 所示的螺纹修饰曲面和螺纹起始曲面，模型将显示如图 4-198 所示的螺纹深度方向箭头和方向菜单，点击"确定"按钮。

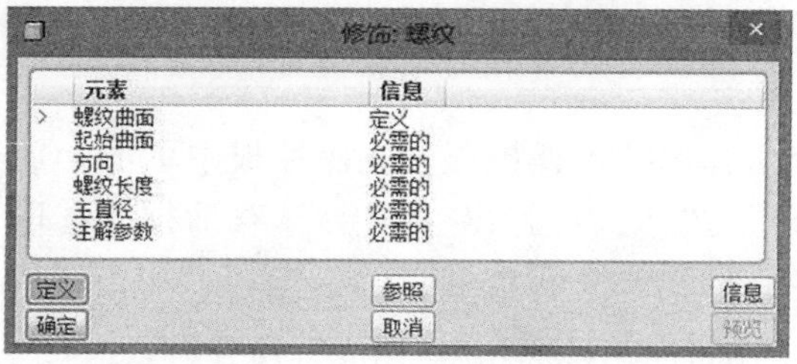

**图 4-197　"修饰：螺纹"对话框**

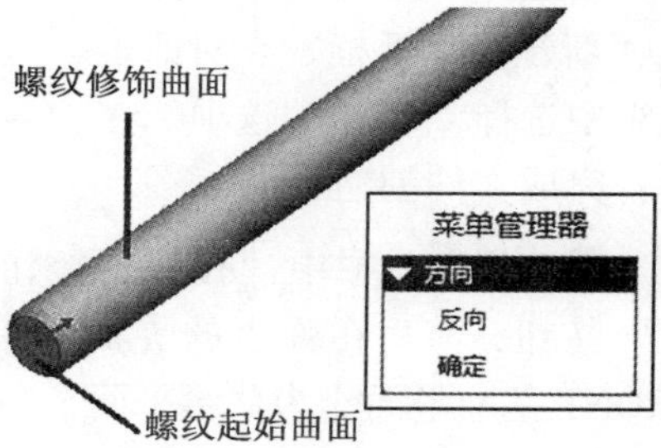

**图 4-198　深度方向（2）**

⑫系统将弹出如图4-199所示的"指定到"菜单,选择"盲孔"—"完成"命令。输入螺纹长度值"10",按回车键,输入螺纹小径值"9",按回车键。系统将弹出如图4-200所示的特征参数菜单,选择"完成/返回"选项,然后单击"修饰:螺纹"对话框中的"确定"按钮,最终结果如图4-201所示。

图4-199 "指定到"菜单(2)

图4-200 特征参数菜单(2)

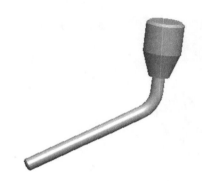

图4-201 手柄

⑬单击系统工具栏中的"保存"按钮 📖 ,指定文件保存的路径,单击"确定"按钮进行保存。

(9)绘制车刀

①选择下拉菜单"文件"—"新建"命令(或单击"新建"按钮 □ ),系统将弹出"新建"对话框。在对话框"类型"选项组中选择"零件"选项,在"子类型"选项组中选择"实体"选项。在"名称"文本框中输入文件名"tool"。单击"确定"按钮,完成文件创建。

②选择工具栏中"拉伸"按钮 ☐ ,系统将弹出拉伸操控板。在操控板中单击"放置"按钮,然后在弹出的界面中单击"定义"按钮,将弹出"草绘"对话框,选取FRONT基准平面作为草绘平面,RIGHT基准平面为参照平面,方向为"右"。单击对话框中的"草绘"按钮,绘制如图4-202所示的截面草图,单击"完成"按钮 ✓ 。

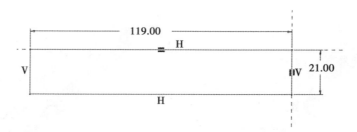

图 4-202　截面草图（64）

③在操控板中选择拉伸类型为 ⬚，输入拉伸深度"20"，单击"完成"按钮 ☑，拉伸结果如图 4-203 所示。

④选择工具栏中"拉伸"按钮 ⬚，系统将弹出拉伸操控板。在操控板中单击"放置"按钮，然后在弹出的界面中单击"定义"按钮，将弹出"草绘"对话框，选取如图 4-204 所示平面作为草绘平面，RIGHT 基准平面为参照平面，方向为"右"。单击对话框中的"草绘"按钮，绘制如图 4-205 所示的截面草图，单击"完成"按钮 ✓。

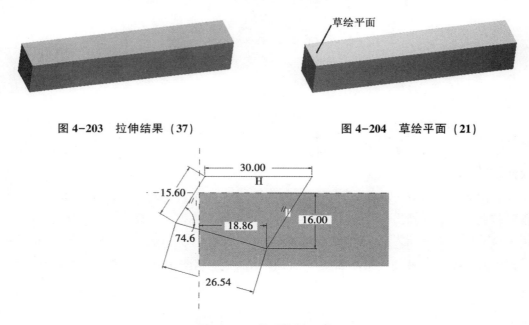

图 4-203　拉伸结果（37）　　　　　　　　图 4-204　草绘平面（21）

图 4-205　截面草图（65）

⑤在操控板中选择拉伸类型为 ⬛，输入拉伸深度"2"，选择去除材料按钮 ⬚，单击"完成"按钮 ☑，拉伸结果如图 4-206 所示。

⑥选择工具栏中"拉伸"按钮 ⬚，系统将弹出拉伸操控板。在操控板中单击"放置"按钮，然后在弹出的界面中单击"定义"按钮，将弹出"草绘"对话框，选取如图 4-207 所示平面作为草绘平面，RIGHT 基准平面为参照平面，方向为"右"。单击对话框中的"草绘"按钮，绘制如图 4-208 所示的截面草图，单击"完成"按钮 ✓。

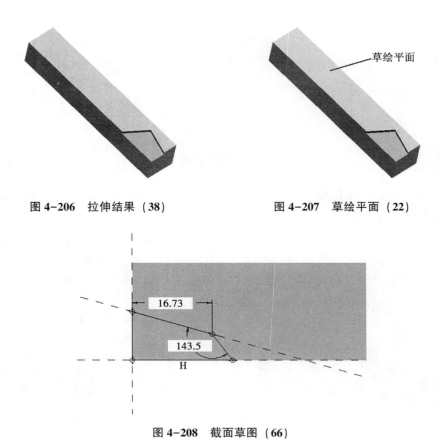

图 4-206　拉伸结果（38）　　　　　图 4-207　草绘平面（22）

图 4-208　截面草图（66）

⑦在操控板中选择拉伸类型为　，选择去除材料按钮　，单击"完成"按钮　，
拉伸结果如图 4-209 所示。

⑧选择工具栏中"拉伸"按钮　，系统将弹出拉伸操控板。在操控板中单击"放
置"按钮，然后在弹出的界面中单击"定义"按钮，将弹出"草绘"对话框，选取如
图 4-210 所示平面作为草绘平面，RIGHT 基准平面为参照平面，方向为"右"。单击对
话框中的"草绘"按钮，绘制如图 4-211 所示的截面草图，单击"完成"按钮　。

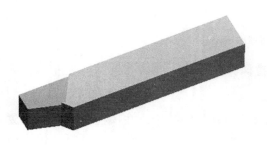

图 4-209　拉伸结果（39）

图 4-210　草绘平面（23）

124

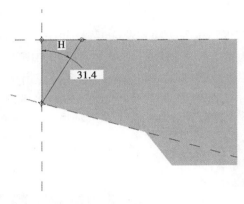

**图 4-211 截面草图（67）**

⑨在操控板中选择拉伸类型为 ![按钮]，选择去除材料按钮 ![按钮]，单击"完成"按钮 ![按钮]，拉伸结果如图 4-212 所示。

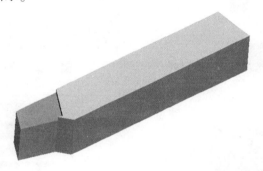

**图 4-212 拉伸结果（40）**

⑩选择工具栏中的"基准平面"命令按钮 ![按钮]，按照如图 4-213 所示进行设置，然后单击"确定"按钮，完成基准平面的创建。

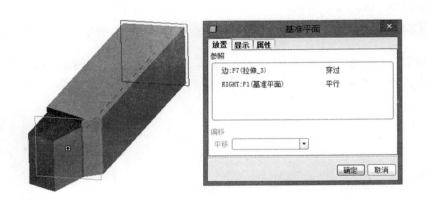

**图 4-213 创建基准平面（2）**

⑪选择下拉菜单"插入"—"混合"—"切口"命令，系统将弹出如图4-214所示"混合选项"菜单管理器。本处按照其默认设置，单击"完成"命令。

⑫系统将弹出如图4-215所示的特征信息对话框和如图4-216所示的"属性"菜单。本处按照其默认设置，单击"完成"命令。系统将弹出如图4-217所示的"草绘平面"菜单管理器，选择之前创建的DTM1平面作为草绘平面。在方向管理器中点击"确定"按钮，然后选择"缺省"命令，进入草绘环境。

图4-214　"混合选项"菜单管理器

图4-215　特征信息对话框

图4-216　"属性"菜单

图4-217　"草绘平面"菜单管理器

⑬绘制第一个截面，如图4-218所示。然后在绘图区单击鼠标右键，在弹出的菜单中选取切换截面。接着，在如图4-219所示的右上角"点"位置绘制一个点。最后单击"完成"按钮 ✔。

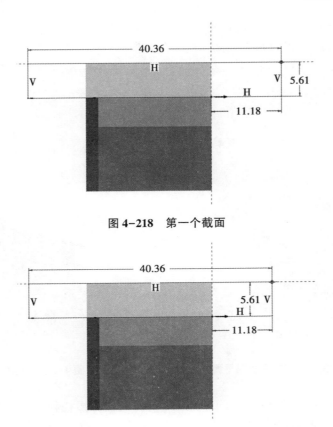

图 4-218 第一个截面

图 4-219 第二个截面

⑭系统将弹出"方向"菜单，选取如图 4-220 所示方向。单击"确定"按钮，将弹出"深度"管理器，选取"盲孔"—"完成"命令，输入深度"19.5"，按回车键。单击特征信息对话框中的"预览"按钮，预览特征，然后单击"确定"按钮，结果如图 4-221 所示。

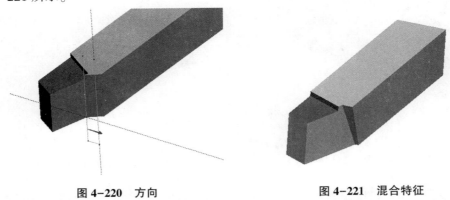

图 4-220 方向                图 4-221 混合特征

⑮单击工具栏中的"拔模"命令，将出现如图 4-222 所示的"拔模"操控板，选取如图 4-223 所示的平面作为拔模曲面，在操控板中单击 图标后的 ⬤单击此处添加项目

按钮，选取如图 4-223 所示拔模枢轴平面。在操控板中的"角度"文本框中输入角度"7.3"，然后将方向调整为如图 4-224 所示的方向。

图 4-222　"拔模"操控板

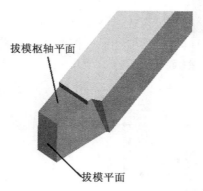

图 4-223　拔模平面和拔模枢轴平面

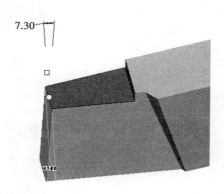

图 4-224　拔模方向

⑯选择工具栏中"拉伸"按钮 ，系统将弹出拉伸操控板。在操控板中单击"放置"按钮，然后在弹出的界面中单击"定义"按钮，将弹出"草绘"对话框，选取如图 4-225 所示平面作为草绘平面，RIGHT 基准平面为参照平面，方向为"右"。单击对话框中的"草绘"按钮，绘制如图 4-226 所示的截面草图，单击"完成"按钮 。

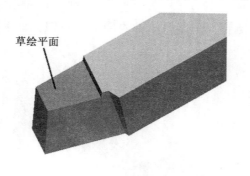

图 4-225　草绘平面（24）

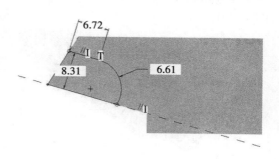

图 4-226　截面草图（68）

⑰在操控板中选择拉伸类型为 ，输入拉伸深度"1"，选择去除材料按钮 ，单击"完成"按钮 ，拉伸结果如图 4-227 所示。

图 4-227　拉伸结果（41）

⑱单击工具栏中的"倒圆角"按钮，选取如图 4-228 所示的两条棱，输入半径"1.5"，单击"完成"按钮☑，结果如图 4-229 所示。

图 4-228　倒角边（6）

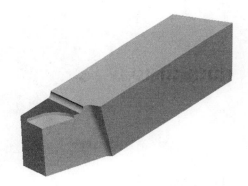

图 4-229　刀体模型

（10）绘制刀片

①选择下拉菜单"文件"—"新建"命令（或单击"新建"按钮在□），系统将弹出"新建"对话框。在对话框"类型"选项组中选择"零件"选项，在"子类型"选项组中选择"实体"选项。在"名称"文本框中输入文件名"insert"。单击"确定"按钮，完成文件创建。

②选择工具栏中"拉伸"按钮▱，系统将弹出拉伸操控板。在操控板中单击"放置"按钮，然后在弹出的界面中单击"定义"按钮，将弹出"草绘"对话框，选取FRONT 基准平面作为草绘平面，RIGHT 基准平面为参照平面，方向为"右"。单击对话框中的"草绘"按钮，绘制如图 4-230 所示的截面草图，单击"完成"按钮✔。

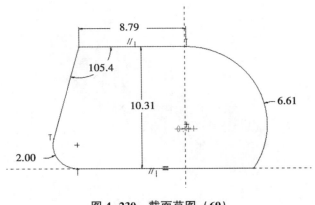

**图4-230　截面草图（69）**

③在操控板中选择拉伸类型为 ![icon]，输入拉伸深度"2"，单击"完成"按钮 ![icon]，拉伸结果如图4-231所示。

**图4-231　刀片模型**

（11）装配

①选择下拉菜单"文件"—"新建"命令（或单击"新建"按钮 ![icon]），系统将弹出"新建"对话框。在对话框"类型"选项组中选择"组件"选项，在"子类型"选项组中选择"设计"选项。在"名称"文本框中输入文件名"toolcarrier"。单击"确定"按钮，完成文件创建。

②引入第一个元件。单击工具栏中的"装配"按钮 ![icon]，然后在弹出的文件"打开"对话框中，选取 toolholder. prt，单击"打开"按钮。系统将弹出如图4-232所示的元件放置操控板，在该操控板中单击"放置"按钮，在"放置"界面的"约束类型"下拉列表中选择"缺省"选项，将元件默认放置，此时，"状态"区域显示的信息为"完全约束"。单击操控板中的"完成"按钮 ![icon]，结果如图4-233所示。

图 4-232　元件放置操控板（3）

图 4-233　引入第一个元件（4）

③装配第二个元件。

● 引入第二个元件 sphere. prt，并将其调整到合适的位置。在元件放置操控板中单击 "放置" 按钮，系统将弹出 "放置" 界面。

● 在 "放置" 界面的 "约束类型" 下拉列表框中选择 "对齐" 选项，然后选取如图 4-234 所示的对齐轴（轴一）。

● 在 "放置" 界面中单击 "新建约束" 字符，在 "放置" 界面的 "约束类型" 下拉列表框中选择 "相切" 选项，然后选取如图 4-234 所示的两个曲面（面一）。

● 单击操控板中的 "完成" 按钮，完成装配约束的创建，如图 4-235 所示。

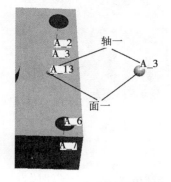

图 4-234　对齐轴和相切面

图 4-235　引入第二个元件（3）

④引入第三个元件。

• 引入第三个元件 spring. prt，并将其调整到合适的位置。在元件放置操控板中单击"放置"按钮，系统将弹出"放置"界面。

• 在"放置"界面中单击"新建约束"字符，在"放置"界面的"约束类型"下拉列表框中选择"对齐"选项，然后选取如图 4-236 所示的两条轴线（轴一）。

• 其调整到如图 4-237 所示的位置，在"放置"界面中单击"新建约束"按钮，在"放置"界面的"约束类型"下拉列表框中选择"固定"选项。

• 单击操控板中的"完成"按钮☑️，完成装配约束的创建，如图 4-237 所示。

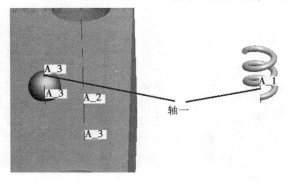
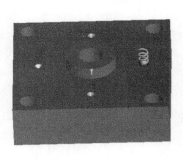

图 4-236  对齐轴　　　　　　　图 4-237  引入第三个元件（3）

⑤阵列钢球和弹簧。

• 选取引入的球元件，然后单击工具栏中的"阵列"按钮▦，系统将弹出阵列控制面板，在阵列类型下拉列表中选择"轴"选项，选取基准轴 A_1，输入阵列数量"4"，输入角度增量值"90"。单击"完成"按钮☑️，结果如图 4-238 所示。

• 选取引入的弹簧元件，然后单击工具栏中的"阵列"按钮▦，系统将弹出阵列控制面板，在阵列类型下拉列表中选择"轴"选项，选取刀架溜板的中心基准轴A_1，输入阵列数量"4"，输入角度增量值"90"。单击"完成"按钮☑️，结果如图 4-239 所示。

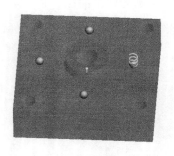

图 4-238  阵列钢球　　　　　　　图 4-239  阵列弹簧

⑥引入第四个元件。

• 引入第四个元件 toolholder. prt，并将其调整到合适的位置。在元件放置操控板中单击"放置"按钮，系统将弹出"放置"界面。

● 在"放置"界面的"约束类型"下拉列表框中选择"配对"选项，然后选取如图 4-240 所示的配对面（面一），在"放置"界面的"偏移"下拉列表框中选择"重合"选项。

● 在"放置"界面中单击"新建约束"字符，在"放置"界面的"约束类型"下拉列表框中选择"对齐"选项，然后选取如图 4-240 所示的两条轴线（轴一）。

● 单击操控板中的"完成"按钮 ☑，完成装配约束的创建，如图 4-241 所示。

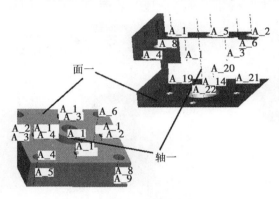

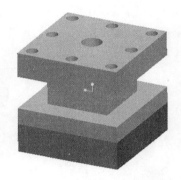

图 4-240　配对面和对齐轴（1）　　　　图 4-241　引入第四个元件

⑦引入第五个元件。

● 引入第五个元件 stud. prt，并将其调整到合适的位置。在元件放置操控板中单击"放置"按钮，系统将弹出"放置"界面。

● 在"放置"界面的"约束类型"下拉列表框中选择"配对"选项，然后选取如图 4-242 所示的配对面（面一），在"放置"界面的"偏移"下拉列表框中选择"重合"选项。

● 在"放置"界面中单击"新建约束"字符，在"放置"界面的"约束类型"下拉列表框中选择"对齐"选项，然后选取如图 4-242 所示的两条轴线（轴一）。

● 单击操控板中的"完成"按钮 ☑，完成装配约束的创建，如图 4-243 所示。

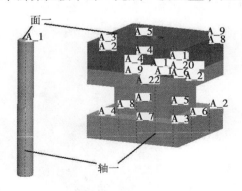

图 4-242　配对面和对齐轴（2）　　　　图 4-243　引入第五个元件

⑧引入第六个元件。

•引入第六个元件 clamp. prt，并将其调整到合适的位置。在元件放置操控板中单击"放置"按钮，系统将弹出"放置"界面。

•在"放置"界面的"约束类型"下拉列表框中选择"配对"选项，然后选取如图 4-244 所示的配对面（面一），在"放置"界面的"偏移"下拉列表框中选择"重合"选项。

•在"放置"界面中单击"新建约束"按钮，在"放置"界面的"约束类型"下拉列表框中选择"对齐"选项，然后选取如图 4-244 所示的两条轴线（轴一）。

•单击操控板中的"完成"按钮，完成装配约束的创建，如图 4-245 所示。

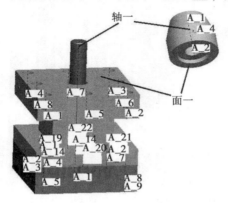

图 4-244 配对面和对齐轴（3）

图 4-245 引入第六个元件

⑨引入第七个元件。

•引入第七个元件 screw. prt，并将其调整到合适的位置。在元件放置操控板中单击"放置"按钮，系统将弹出"放置"界面。

•在"放置"界面的"约束类型"下拉列表框中选择"配对"选项，然后选取如图 4-246 所示的配对面（面一），在"放置"界面的"偏移"值中输入"20"。

•在"放置"界面中单击"新建约束"字符，在"放置"界面的"约束类型"下拉列表框中选择"对齐"选项，然后选取如图 4-246 所示的两条轴线（轴一）。

•单击操控板中的"完成"按钮，完成装配约束的创建，如图 4-247 所示。

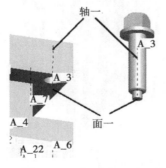

图 4-246 配对面和对齐轴（4）

图 4-247 引入第七个元件

●选取上一步骤引入的螺钉元件，然后单击工具栏中的"阵列"按钮▦，将弹出阵列控制面板，在阵列类型下拉列表中选择"轴"选项，选取刀架中心基准轴 A_1，输入阵列数量"4"，输入角度增量值"90"。单击"完成"按钮☑，结果如图 4-248 所示。

图 4-248　阵列螺钉（1）

●再次引入 screw. prt，并将其调整到合适的位置。在元件放置操控板中单击"放置"按钮，系统将弹出"放置"界面。

●在"放置"界面的"约束类型"下拉列表框中选择"配对"选项，然后选取如图 4-249 所示的配对面（面一），在"放置"界面的"偏移"值中输入"20"。

●在"放置"界面中单击"新建约束"字符，在"放置"界面的"约束类型"下拉列表框中选择"对齐"选项，然后选取如图 4-249 所示的两条轴线（轴一）。

●单击操控板中的"完成"按钮☑，完成装配约束的创建，如图 4-250 所示。

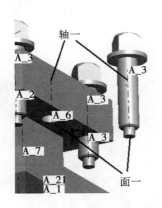

图 4-249　配对面和对齐轴（5）

图 4-250　再次引入元件

●选取上一步骤引入的螺钉元件，然后单击工具栏中的"阵列"按钮▦，系统将弹出阵列控制面板，在阵列类型下拉列表中选择"轴"选项，选取刀架中心基准轴 A_1，输入阵列数量"4"，输入角度增量值"90"。单击"完成"按钮☑，结果如图 4-251 所示。

图 4-251  阵列螺钉（2）

⑩引入第八个元件。

•引入第八个元件 handle. prt，并将其调整到合适的位置。在元件放置操控板中单击"放置"按钮，系统将弹出"放置"界面。

•在"放置"界面中单击"新建约束"字符，在"放置"界面的"约束类型"下拉列表框中选择"对齐"选项，然后选取如图 4-252 所示的两条轴线（轴一）。

•在"放置"界面的"约束类型"下拉列表框中选择"配对"选项，然后选取如图 4-252 所示的配对面（面一），在"放置"界面的"偏移"值中输入"-10"。

•在"放置"界面中单击"新建约束"字符，在"放置"界面的"约束类型"下拉列表框中选择"对齐"选项，然后选取如图 4-252 所示的配对面（面二），在"放置"界面的"偏移"下拉列表框中选择"角度偏移"选项，并输入角度"180"。

•单击操控板中的"完成"按钮，完成装配约束的创建，如图 4-253 所示。

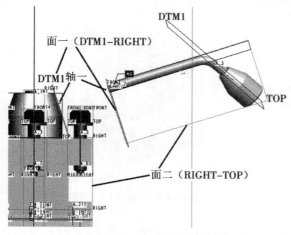

图 4-252  配对面和对齐轴（6）

图 4-253  引入第八个元件

⑪引入第九个元件。

•引入第九个元件 tool. prt，并将其调整到合适的位置。在元件放置操控板中单击"放置"按钮，系统将弹出"放置"界面。

● 在"放置"界面中单击"新建约束"字符,在"放置"界面的"约束类型"下拉列表框中选择"对齐"选项,然后选取如图 4-254 所示的配对面(面一),在"放置"界面的"偏移"值中输入"20"。

● 在"放置"界面的"约束类型"下拉列表框中选择"对齐"选项,然后选取如图 4-254 所示的配对面(面二),在"放置"界面的"偏移"值中输入"-45"。

● 在"放置"界面中单击"新建约束"字符,在"放置"界面的"约束类型"下拉列表框中选择"对齐"选项,然后选取如图 4-254 所示的配对面(面三),在"放置"界面的"偏移"下拉列表框中选择"重合"选项。

● 单击操控板中的"完成"按钮，完成装配约束的创建,如图 4-255 所示。

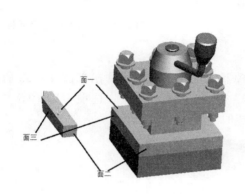

图 4-254　配对面(1)

图 4-255　引入第九个元件

⑫引入第十个元件。

● 引入第十个元件 insert. prt,并将其调整到合适的位置。在元件放置操控板中单击"放置"按钮,系统将弹出"放置"界面。

● 在"放置"界面中单击"新建约束"字符,在"放置"界面的"约束类型"下拉列表框中选择"配对"选项,然后选取如图 4-256 所示的配对面(面一)。在"放置"界面的"偏移"下拉列表框中选择"重合"选项。

● 在"放置"界面的"约束类型"下拉列表框中选择"对齐"选项,然后选取如图 4-256 所示的配对面(面二),在"放置"界面的"偏移"值中输入"2"。

● 在"放置"界面中单击"新建约束"字符,在"放置"界面的"约束类型"下拉列表框中选择"插入"选项,然后选取如图 4-256 所示的配对面(面三)。

● 单击操控板中的"完成"按钮，完成装配约束的创建,如图 4-257 所示。

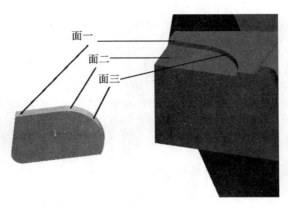

图 4-256　配对面（2）　　　　　　　　　图 4-257　引入第十个元件

（12）创建分解视图

①选择下拉菜单中"视图"—"视图管理器"命令，系统将弹出如图 4-258 所示的"视图管理器"对话框，在"视图管理器"对话框的"分解"选项卡中单击"新建"按钮，输入分解的名称"Exp0001"，并按回车键。

图 4-258　"视图管理器"对话框

②单击"视图管理器"对话框中的"属性"按钮，在"视图管理器"对话框中单击按钮 ，系统将弹出如图 4-259 所示的"分解位置"操控板。

图 4-259　"分解位置"操控板

③在"分解位置"操控板中单击"平移"按钮 ，选取零件，此时，系统将会在零件上显示一个参照坐标系。拖动坐标系的轴，移动鼠标，即可移动零件。将刀架各零

件移动至如图 4-260 所示位置。

图 4-260 分解视图

④完成以上分解移动后，单击"分解位置"操控板中的 ☑ 按钮。

⑤单击"视图管理器"对话框中的 << …… 按钮。在"视图管理器"对话框中依次选择"编辑"—"保存"命令，系统将弹出如图 4-261 所示的"保存显示元素"对话框，单击"保存显示元素"对话框中的"确定"按钮。

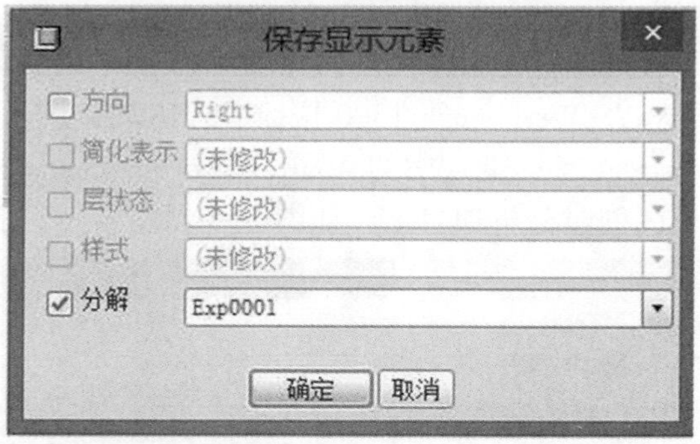

图 4-261 "保存显示元素"对话框

⑥单击"视图管理器"对话框中的"关闭"按钮。

## 4.5 本章小结

本章介绍了十字滑块联轴器、肘关节、轴承装配体和车床刀架装配体的创建过程。不仅进一步讲解了零件模型的创建过程，并且详细叙述了零件的装配过程，使读者可以了解零件导入并添加约束的过程，从而掌握 Pro/ENGINEER 装配功能的操作方法和技巧。

# 第5章　零件有限元分析

本章将介绍在前几章中创建的一些三维模型的有限元分析过程。虽然 Pro/ENGINEER 软件本身具有有限元分析功能，但是，相较 ANSYS Workbench 软件，其计算效率和精度都较差，因此，本书采用将 Pro/ENGINEER 5.0 创建的三维模型导入 ANSYS Workbench 15.0 中进行有限元分析的方法。

## 5.1　齿轮轴静力学分析与模态分析

### 5.1.1　实例分析

本例主要介绍 3.3 节中的齿轮轴的分析过程。先将齿轮轴模型保存为 stp 格式，然后导入 ANSYS Workbench15.0 中，接着，依次进行添加材料、划分网格、施加载荷及约束、求解，最后完成分析，查看结果。

### 5.1.2　分析步骤

（1）启动 ANSYS Workbench 15.0 并建立分析项目
①在 Pro/ENGINEER 5.0 中将水杯模型保存副本为 gearshaft.stp。
②双击桌面上的 ANSYS Workbench 15.0 快捷方式启动，进入主界面。
③双击主界面 Toolbox（工具箱）中的 Analysis Systems-Static Structural（静态结构分析）命令，在项目管理区创建分析项目 A，如图 5-1 所示。

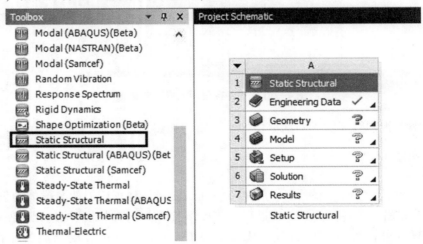

图 5-1　创建分析项目 A

（2）导入几何体

①鼠标移至 A3（Geometry）位置并单击右键，在弹出的快捷菜单中选择"Import Geometry-Browse…"命令，如图 5-2 所示，系统将弹出"打开"对话框。

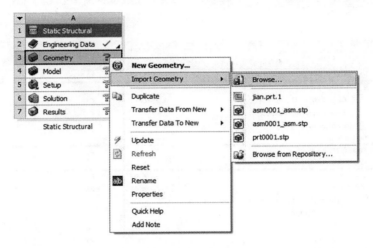

**图 5-2　导入几何体文件（1）**

②在弹出的"打开"对话框中选择文件路径，找到并单击 gearshaft. stp 文件，然后单击"打开"按钮，导入水杯几何体文件。此时，A3（Geometry）后的问号变为对号，表示实体模型已经存在。

（3）添加材料

①双击项目 A 中的 A2（Engineering Data）选项，进入如图 5-3 所示的材料参数设置界面，在该界面下即可进行材料参数设置。

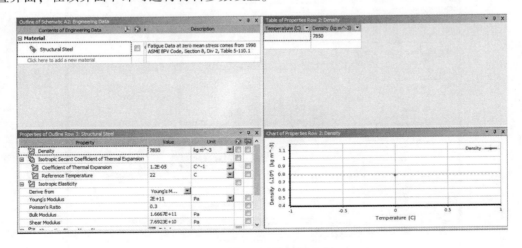

**图 5-3　材料参数设置界面（1）**

②根据实际工程材料的特性，在 Properties of Outline Row 3：Structural Steel 表中按照如图 5-4 所示修改材料的特性。

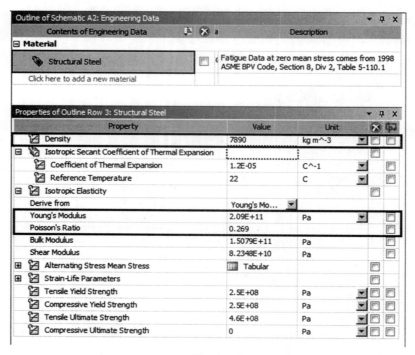

图 5-4　材料参数设置界面 (2)

③关闭 A2：Engineering Data，返回到 ANSYS Workbench 主界面，材料库添加完毕。

④双击主界面项目管理区项目 A 的 A4 栏 Model 选项，进入如图 5-5 所示 Mechanical 界面，在该界面下即可进行网格的划分、分析设置、结果观察等操作。

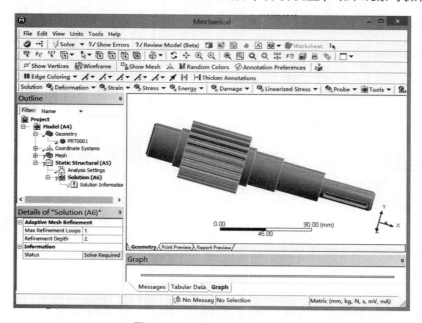

图 5-5　Mechanical 界面 (1)

⑤选择 Mechanical 界面左侧 Outline 树结构图中 Geometry 选项下的 PRT0001，此时，即可在 Details of "PRT0001" 细节窗口中给模型添加材料，如图 5-6 所示。

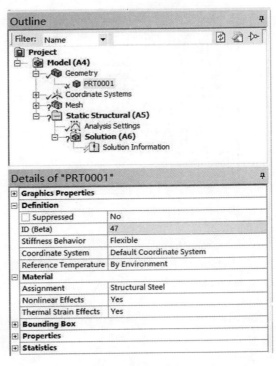

图 5-6　添加材料（1）

⑥单击细节窗口中 Material 下 Assignment 后 ▶ 按钮，将会出现设置的材料，如图 5-7所示，本例使用默认的 Structural Steel。

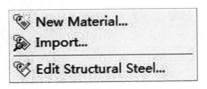

图 5-7　选择材料（1）

（4）划分网格

①选择 Outline 树结构中的 Mesh 选项，此时，可在 Details of "Mesh" 细节窗口中修改网格参数，设定 Relevance 为 "60"，如图 5-8 所示。

Details of "Mesh"

| | |
|---|---|
| **Defaults** | |
| Physics Preference | Mechanical |
| Relevance | 60 |
| **Sizing** | |
| Use Advanced Size Function | Off |
| Relevance Center | Coarse |
| Element Size | Default |
| Initial Size Seed | Active Assembly |
| Smoothing | Medium |
| Transition | Fast |
| Span Angle Center | Coarse |
| Minimum Edge Length | 0.529480 mm |
| **Inflation** | |
| **Patch Conforming Options** | |
| Triangle Surface Mesher | Program Controlled |
| **Patch Independent Options** | |
| Topology Checking | Yes |
| **Advanced** | |
| **Defeaturing** | |

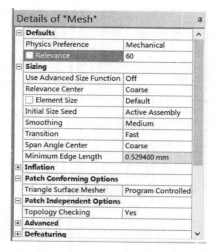

图 5-8　Details of "Mesh" 窗口（1）

②鼠标移至 Mesh 并单击右键，在弹出的快捷菜单中选择 Insert-Method，如图 5-9 所示，选择齿轮轴模型，在 Details of "Automatic Method" 细节窗口中的 Geometry 中单击 "Apply" 按钮，然后在 Method 中选择 Automatic，如图 5-10 所示。

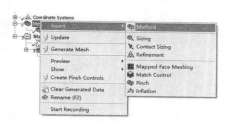

图 5-9　设置划分网格方法（1）

Details of "Automatic Method" - Method

| | |
|---|---|
| **Scope** | |
| Scoping Method | Geometry Selection |
| Geometry | 1 Body |
| **Definition** | |
| Suppressed | No |
| Method | Automatic |
| Element Midside Nodes | Use Global Setting |

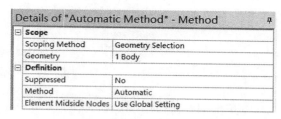

图 5-10　选择 Automatic 方法

③鼠标移至 Mesh 并单击右键，在弹出的快捷菜单中选择 Insert-Sizing，选择齿轮轴模型，在细节窗口中的 Geometry 中单击 "Apply" 按钮，然后在 Element Size 中设置单元尺寸为 "2mm"，如图 5-11 所示。

④鼠标移至 Mesh 并单击右键，在弹出的快捷菜单中选择 Generate Mesh 选项，生成如图 5-12 所示网格。

Details of "Body Sizing" - Sizing

| | |
|---|---|
| **Scope** | |
| Scoping Method | Geometry Selection |
| Geometry | 1 Body |
| **Definition** | |
| Suppressed | No |
| Type | Element Size |
| Element Size | 2. mm |
| Behavior | Soft |

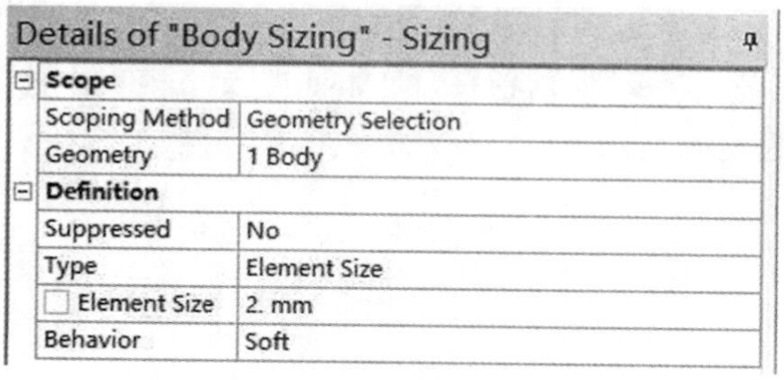

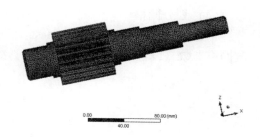

图 5-11　设置单元尺寸（1）

图 5-12　划分网格结果（1）

（5）施加载荷及约束

①选择 Mechanical 界面左侧 Outline 中的 Static Structural 选项，将会出现如图 5-13 所示的 Environment 工具栏。

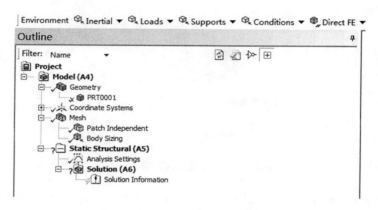

图 5-13　Environment 工具栏（1）

②选择 Environment 工具栏中的 Supports 下拉菜单中的 Cylindrical Support，如图 5-14 所示，将会在分析树中出现 Cylindrical Support 选项，选择 Cylindrical Support 选项，然后选择如图 5-15 所示的曲面，在 Details of "Cylindrical Support" 细节窗口中的 Geometry 中单击 "Apply" 按钮，在 Tangential 中选择 Free，完成添加圆柱面约束。

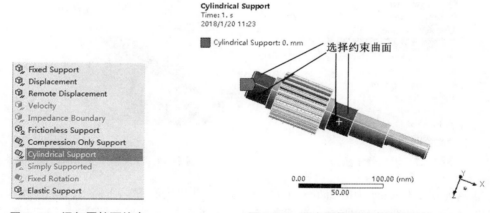

图 5-14　添加圆柱面约束　　　　　图 5-15　固定圆柱面约束结果（1）

③选择 Environment 工具栏中的 Supports 下拉菜单中的 Fixed Support，将会在分析树中出现 Fixed Support 选项，选择 Fixed Support 选项，然后选择如图 5-16 所示平面，在 Details of "Fixed Support" 细节窗口中的 Geometry 中单击 "Apply" 按钮，如图 5-16 所示，完成在齿轮轴端面施加固定约束。

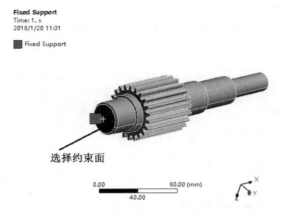

图 5-16　添加固定约束结果（1）

④选择 Environment 工具栏中的 Loads 下拉菜单中的 Moment，如图 5-17 所示，将会在分析树中出现 Moment 选项，选择 Moment 选项，然后选择如图 5-18 所示曲面，在 Details of "Moment" 细节窗口中的 Geometry 中单击 "Apply" 按钮，在 Magnitude 右侧输入 "200000N·mm（转矩）"，定义方向如图 5-18 所示，完成转矩设置。

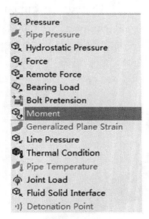

图 5-17　添加静水压力　　　　　　　图 5-18　添加静水压力的结果

⑤鼠标移至 Outline 中的 Static Structural 选项上并单击右键，在弹出的快捷菜单中选择 Solve 选项，如图 5-19 所示。进度条将会显示求解进度，当求解完成后进度条自动消失。

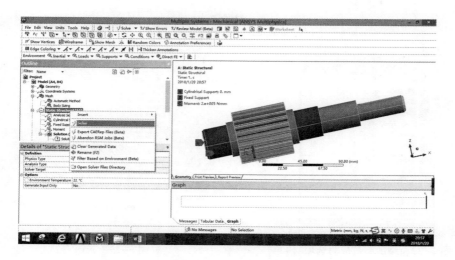

图 5-19　求解（1）

（6）结果后处理

①选择 Mechanical 界面左侧 Outline 中的 Solution 选项，将会出现如图 5-20 所示的 Solution 工具栏。

②选择 Solution 工具栏中的 Deformation 下拉菜单中的 Total 选项，如图 5-21 所示，将会在分析树中出现 Total Deformation 选项。

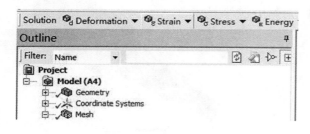

图 5-20　Solution 工具栏（1）

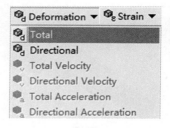

图 5-21　添加变形图（1）

③选择 Solution 工具栏中的 Stress 下拉菜单中的 Equivalent（von-Mises）选项，如图 5-22 所示，将会在分析树中出现 Equivalent Stress 选项。

④鼠标移至 Outline 中的 Solution 选项上并单击右键，在弹出的快捷菜单中选择 Evaluate All Results 选项，如图 5-23 所示。进度条将会显示求解进度，当求解完成后进度条自动消失。

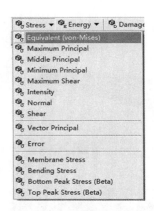

图 5-22　添加等效应力选项（1）　　　　　　　图 5-23　求解（2）

⑤选择 Outline 中的 Solution 下的 Total Deformation 选项，将会出现如图 5-24 所示的总变形分析云图。

⑥选择 Outline 中的 Solution 下的 Equivalent Stress 选项，将会出现如图 5-25 所示的应力分析云图。

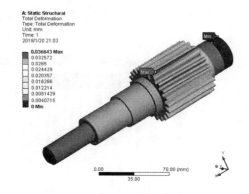

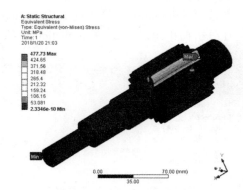

图 5-24　总变形分析云图（1）　　　　　　　图 5-25　应力分析云图（1）

（7）模态分析

①按住鼠标左键将工具箱中的 Analysis System>Modal 拖拽到项目管理区中，当项目 A 的 Model 选项红色高亮显示时，放开鼠标并创建项目 B，此时，相关联项的数据可共享，如图 5-26 所示。

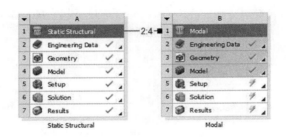

图 5-26  分析项目

②双击主界面项目管理区项目 B 中的 B6 栏 Solution 选项，进入 Mechanical 界面。

③选择 Mechanical 界面左侧 Outline 中的 Modal（B5）选项，将会出现 Environment 工具栏。选择 Environment 工具栏中的 Supports 下拉菜单中的 Cylindrical Support，然后选择如图 5-27 所示的曲面，在 Details of "Cylindrical Support" 细节窗口中的 Geometry 中单击 "Apply" 按钮，在 Tangential 中选择 Free，完成添加圆柱面约束。

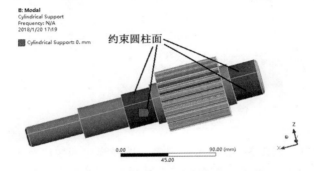

图 5-27  固定圆柱面约束结果（2）

④选择 Environment 工具栏中的 Supports 下拉菜单中的 Fixed Support，将会在分析树中出现 Fixed Support 选项，选择 Fixed Support 选项，然后选择如图 5-28 所示平面，在 Details of "Fixed Support" 细节窗口中的 Geometry 中单击 "Apply" 按钮，在齿轮轴端面施加固定约束。

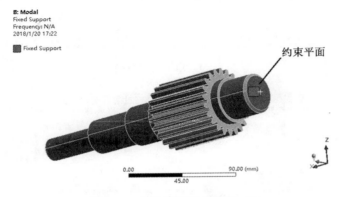

图 5-28  添加固定约束结果（2）

⑤选择 Outline 结构树中的 Analysis Setting 选项，设置 Max Modes to Find 为 "6"，如图 5-29 所示。

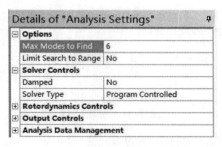

图 5-29　设置模态分析选项（1）

⑥在 Outline 结构树中的 Modal（B5）选项上单击鼠标右键，在弹出的快捷菜单中选择 Solve，将会出现进度条，并会显示求解进度，当求解完成后进度条消失，求解完成后得到的结果如图 5-30 所示。

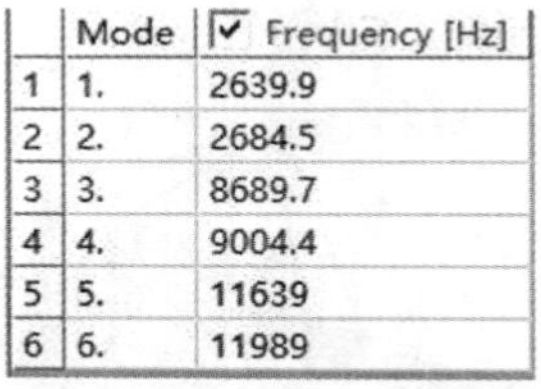

| | Mode | ✓ Frequency [Hz] |
|---|---|---|
| 1 | 1. | 2639.9 |
| 2 | 2. | 2684.5 |
| 3 | 3. | 8689.7 |
| 4 | 4. | 9004.4 |
| 5 | 5. | 11639 |
| 6 | 6. | 11989 |

图 5-30　求解结果（1）

⑦用鼠标右键单击如图 5-30 所示的图表，选择弹出的快捷菜单 "Select All"，如图 5-31 所示。然后用鼠标右键单击该图标，在弹出的快捷菜单中选择 "Create Mode Shape Results" 选项，如图 5-32 所示。在 Outline 结构树中的 "Solution（B6）" 选项下将出现模态变形，如图 5-33 所示。

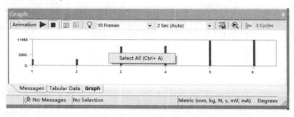

图 5-31　选取全部数据

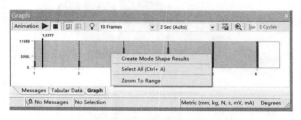

图 5-32　创建模态变形结果

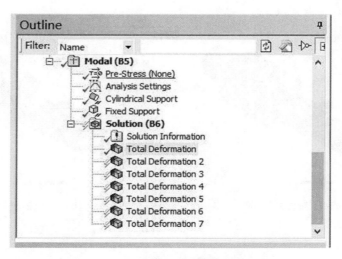

图 5-33　模态变形 (1)

⑧鼠标移至 Outline 中的 Solution 选项上并单击右键，在弹出的快捷菜单中选择 Evaluate All Results 选项，如图 5-34 所示。进度条将会显示求解进度，当求解完成后进度条自动消失。

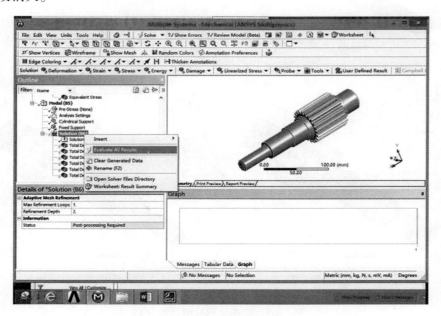

图 5-34　求解模态变形

⑨依次选择 Outline 中的 Solution (B6) 下的 Total Deformation 选项，将会出现如图 5-35 所示的模态变形分析云图。

（a）第1阶模态变形图　　　　　　　　　　（b）第2阶模态变形图

（c）第3阶模态变形图　　　　　　　　　　（d）第4阶模态变形图

（e）第5阶模态变形图　　　　　　　　　　（f）第6阶模态变形图

图 5-35　模态变形分析云图（1）

（8）保存与退出

①单击 Mechanical 界面右上角的"关闭"按钮，退出 Mechanical，返回到 ANSYS
Workbench 主界面。此时，主界面项目管理区中显示的分析项目均已完成，如图 5-36
所示。

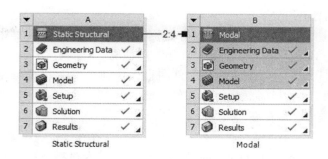

图 5-36 分析项目完成 (1)

②在 ANSYS Workbench 主界面中单击工具栏中的"保存"按钮。

③单击右上角的"关闭"按钮，退出 ANSYS Workbench 主界面，完成项目分析。

## 5.2 制动盘变形分析和稳态热分析

### 5.2.1 实例概述

本例主要介绍 3.4 节中创建的制动盘的变形分析和热分析。先将制动盘模型保存为 stp 格式，然后导入 ANSYS Workbench 中，接着依次进行添加材料、划分网格、施加载荷与约束和求解，最后完成分析查看结果。

### 5.2.2 分析步骤

（1）启动 ANSYS Workbench 并建立分析项目

①在 Pro/ENGINEER 5.0 中将制动盘模型保存副本为 braking. stp。

②鼠标双击桌面上的 ANSYS Workbench 15.0 快捷方式进行启动，进入主界面。

③鼠标双击主界面 Toolbox（工具箱）中的 Analysis Systems-Static Structural（静态结构分析）命令，在项目管理区创建分析项目 A，按住鼠标左键，将工具箱中的 Analysis System> Steady-State Thermal 拖拽到项目管理区中，当项目 A 的 Model 选项红色高亮显示时，放开鼠标并创建项目 B，此时，相关联项的数据可共享，如图 5-37 所示。

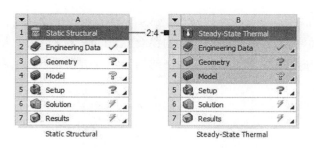

图 5-37 创建分析项目 A 和 B

（2）导入几何体

①鼠标移至 A3（Geometry）上并单击右键，在弹出的快捷菜单中选择"Import Geometry-Browse…"命令，系统将弹出"打开"对话框。

②在弹出的"打开"对话框中选择文件路径，找到并单击 braking.stp 文件，然后单击"打开"按钮，导入制动盘几何体文件。此时，A3（Geometry）后的问号将会变为对号，表示实体模型已经存在。

（3）添加材料

①双击项目 A 中的 A2（Engineering Data）选项，进入材料参数设置界面，在该界面下即可进行材料参数设置。根据实际工程材料的特性，在 Properties of Outline Row 3：Structural Steel 表中按照如图 5-38 所示修改材料的特性。

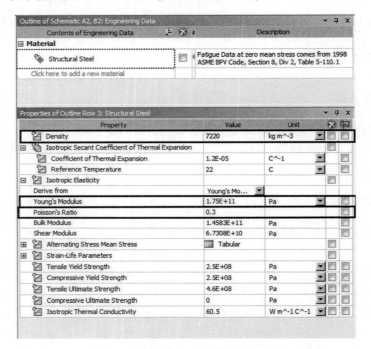

图 5-38　材料参数设置界面（3）

②关闭 A2：Engineering Data，返回到 ANSYS Workbench 主界面，材料库添加完毕。

③双击主界面项目管理区项目 A 的 A4 栏 Model 选项，进入如图 5-39 所示 Mechanical 界面，在该界面下即可进行网格的划分、分析设置、结果观察等操作。

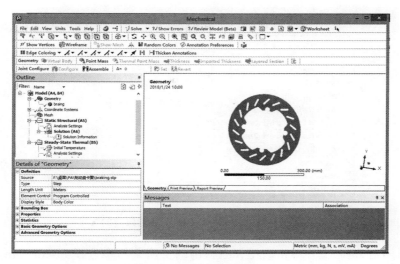

图 5-39 Mechanical 界面 (2)

④选择 Mechanical 界面左侧 Outline 树结构图中 Geometry 选项下的 braking，即可在 Details of "braking" 细节窗口中给模型添加材料，如图 5-40 所示。

⑤鼠标单击细节窗口中 Material 下 Assignment 后 ▶ 按钮，将会出现设置的材料如图 5-41 所示，本例使用默认的 Structural Steel。

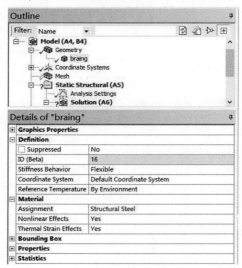
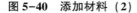

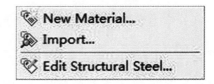

图 5-40 添加材料 (2)　　　　　　　图 5-41 选择材料 (2)

（4）划分网格

①选择 Outline 树结构中的 Mesh 选项，此时，可在 Details of "Mesh" 细节窗口中修改网格参数，如图 5-42 所示。本例采用默认设置。

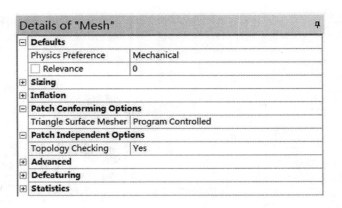

图 5-42    Details of "Mesh" 窗口（2）

②鼠标移至 Mesh 上并单击右键，在弹出的快捷菜单中选择 Insert-Method，选择制动盘模型，在 Details of "Automatic Method" 细节窗口中的 Geometry 中单击 "Apply" 按钮，然后在 Method 中选择 Sweep，如图 5-43 所示。

| Details of "Sweep Method" - Method | | |
|---|---|---|
| **Scope** | | |
| Scoping Method | Geometry Selection | |
| Geometry | 1 Body | |
| **Definition** | | |
| Suppressed | No | |
| Method | Sweep | |
| Element Midside Nodes | Use Global Setting | |
| Src/Trg Selection | Automatic | |
| Source | Program Controlled | |
| Target | Program Controlled | |
| Free Face Mesh Type | Quad/Tri | |
| Type | Number of Divisions | |
| Sweep Num Divs | Default | |
| Sweep Bias Type | No Bias | |
| Element Option | Solid | |

图 5-43    选择 Sweep 方法（1）

③鼠标移至 Mesh 上并单击右键，在弹出的快捷菜单中选择 Insert-Sizing，选择制动盘模型，在细节窗口中的 Geometry 中单击 "Apply" 按钮，然后在 Element Size 中设置单元尺寸为 "2mm"，如图 5-44 所示。

④鼠标移至 Mesh 上并单击右键，在弹出的快捷菜单中选择 Generate Mesh 选项，将会生成如图 5-45 所示网格。

| Details of "Body Sizing" - Sizing | |
| --- | --- |
| **Scope** | |
| Scoping Method | Geometry Selection |
| Geometry | 1 Body |
| **Definition** | |
| Suppressed | No |
| Type | Element Size |
| Element Size | 2. mm |
| Behavior | Soft |

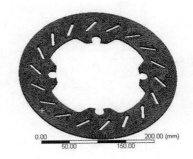

图 5-44　设置单元尺寸（2）　　　　　　图 5-45　划分网格结果（2）

（5）施加载荷及约束

①选择 Mechanical 界面左侧 Outline 中的 Static Structural 选项，将会出现 Environment 工具栏。

②选择 Environment 工具栏中的 Supports 下拉菜单中的 Fixed Support，将会在分析树中出现 Fixed Support 选项，选择 Fixed Support 选项，然后选择如图 5-46 所示固定孔内曲面，在 Details of "Fixed Support" 细节窗口中的 Geometry 中单击 "Apply" 按钮，如图 5-46所示。在制动盘固定处施加固定约束。

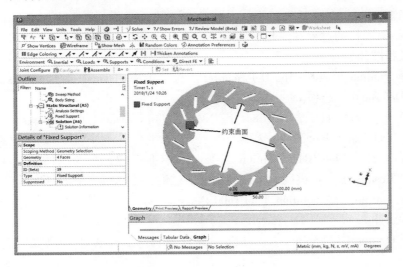

图 5-46　施加固定约束（1）

③选择 Environment 工具栏中的 Loads 下拉菜单中的 Moment，将会在分析树中出现 Moment 选项，选择 Moment 选项，然后选择如图 5-47 所示制动盘外侧面，在 Details of "Moment" 细节窗口中的 Geometry 中单击 "Apply" 按钮，在 Magnitude 右侧输入 "230000N·mm（转矩）"，定义方向如图 5-47 所示，完成制动扭矩设置。

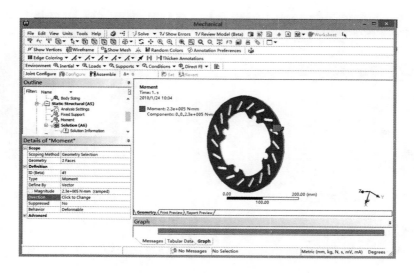

图 5-47　施加制动扭矩

④鼠标移至 Outline 中的 Static Structural 选项上并单击右键，在弹出的快捷菜单中选择 Solve 选项。进度条将会显示求解进度，当求解完成后进度条自动消失。

（6）结果后处理

①选择 Mechanical 界面左侧 Outline 中的 Solution 选项，将会出现 Solution 工具栏。（添加查看结果项目的过程在前几个例子中已进行了详细描述，且操作简单，下文便不再附操作过程图片）

②选择 Solution 工具栏中的 Deformation 下拉菜单中的 Total 选项，将会在分析树中出现 Total Deformation 选项。

③选择 Solution 工具栏中的 Stress 下拉菜单中的 Equivalent（von-Mises）选项，将会在分析树中出现 Equivalent Stress 选项。

④鼠标移至 Outline 中的 Solution 选项上并单击右键，在弹出的快捷菜单中选择 Evaluate All Results 选项。进度条将会显示求解进度，当求解完成后进度条自动消失。

⑤选择 Outline 中的 Solution 下的 Total Deformation 选项，将会出现如图 5-48 所示的总变形分析云图。

⑥选择 Outline 中的 Solution 下的 Equivalent Stress 选项，将会出现如图 5-49 所示的应力分析云图。

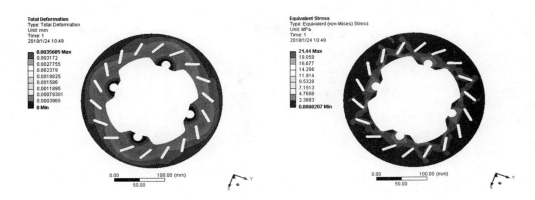

図 5-48　总变形分析云图 （2）　　　　　　　図 5-49　应力分析云图 （2）

（7）稳态热分析

①选择 Outline 中 Steady-State Thermal （B5）选项，将会出现 Environment 工具栏。

②选择 Environment 工具栏中的 Temperature，将会在分析树中出现 Fixed Temperature 选项，选择 Temperature 选项，然后选择制动盘的两个侧面，在 Details of "Temperature" 细节窗口中的 Geometry 中单击 "Apply" 按钮，设置 Magnitude 为 "300℃"，如图 5-50 所示。

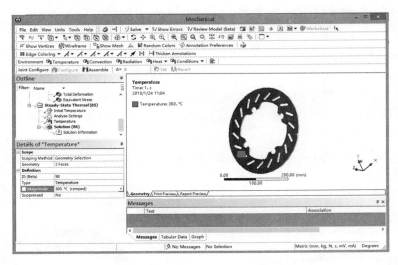

図 5-50　施加温度

③选择 Environment 工具栏中的 Convection 命令，将会在树结构图中出现 Convection 选项。选择 Convection 选项，在其细节图中设置 Film Coefficient 为 "15W/mm² · ℃"，如图 5-51 所示，选择制动盘散热孔、外圈表面和内圈表面作为对流面，然后在细节窗口中的 Geometry 中单击 "Apply" 按钮，如图 5-51 所示。

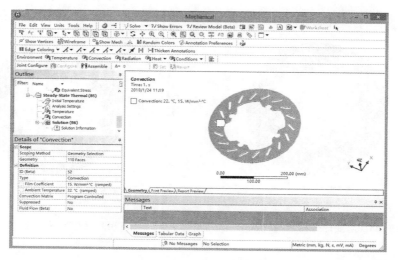

图 5-51　设置对流面

④鼠标移至 Outline 中的 Steady-State Thermal 选项上并单击右键，在弹出的快捷菜单中选择 Solve 选项。进度条将会显示求解进度，当求解完成后进度条自动消失。

⑤选择 Mechanical 界面左侧 Outline 中的 Solution 选项，将会出现 Solution 工具栏。

⑥选择 Solution 工具栏中的下拉菜单中的 Thermal 下拉菜单中的 Temperature 选项，将会在分析树中出现 Temperature 选项。

⑦选择 Solution 工具栏中的 Thermal 下拉菜单中的 Total Heat Flux 选项，将会在分析树中出现 Total Heat Flux 选项。

⑧鼠标移至 Outline 中的 Solution 选项上并单击右键，在弹出的快捷菜单中选择 Evaluate All Results 选项。进度条将会显示求解进度，当求解完成后进度条自动消失。

⑨选择 Outline 中的 Solution 下的 Temperature 选项，将会出现如图 5-52 所示的温度场分析云图。

⑩选择 Outline 中的 Solution 下的 Total Heat Flux 选项，将会出现如图 5-53 所示的热流量分析云图。

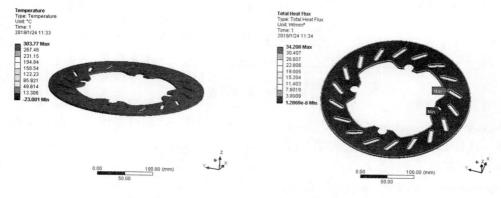

图 5-52　温度场分析云图　　　　　　　　图 5-53　热流量分析云图

（8）保存

①单击 Mechanical 界面右上角的"关闭"按钮，退出 Mechanical 返回到 ANSYS Workbench 主界面，此时，主界面项目管理区中显示的分析项目均已完成。

②在 ANSYS Workbench 主界面中单击工具栏中的"保存"按钮。

③单击右上角的"关闭"按钮，退出 ANSYS Workbench 主界面，完成项目分析。

## 5.3 麻花钻静力学、模态及谐响应分析

### 5.3.1 实例概述

本例主要介绍 3.5 节中创建的麻花钻的静力学、模态与谐响应分析。先将麻花钻模型保存为 stp 格式，然后导入 ANSYS Workbench，接着依次进行添加材料、划分网格、施加载荷与约束和求解，最后完成分析查看结果。

### 5.3.2 分析步骤

（1）启动 ANSYS Workbench 并建立分析项目

①在 Pro/ENGINEER 5.0 中将制动盘模型保存副本为 MAHUAZUAN. stp。

②鼠标双击桌面上的 ANSYS Workbench 15.0 快捷方式进行启动，进入主界面。

③双击主界面 Toolbox（工具箱）中的"Analysis Systems-Static Structural（静态结构分析）"命令，在项目管理区创建分析项目 A，按住鼠标左键，将工具箱中的 Model 选项拖拽到项目管理区中，当项目 A 的 Model 选项红色高亮显示时，放开鼠标并创建项目 B，按住鼠标左键工具箱中的 Harmonic Response，拖拽到项目管理区中，当项目 B 的 Solution 选项红色高亮显示时，放开鼠标并创建项目 C，此时，相关联项的数据可共享，如图 5-54 所示。

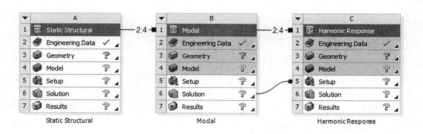

**图 5-54 创建分析项目 A、B 和 C（1）**

（2）导入几何体

①鼠标移至 A3（Geometry）上并单击右键，在弹出的快捷菜单中选择"Import Geometry-Browse..."命令，系统将弹出"打开"对话框。

②在弹出的"打开"对话框中选择文件路径，找到并单击 MAHUAZUAN. stp 文件，然后单击"打开"按钮，导入制动盘几何体文件。此时，A3（Geometry）后的问号将会变为对号，表示实体模型已经存在。

（3）添加材料

①双击项目 A 中的 A2（Engineering Data）选项，进入材料参数设置界面，在该界面下即可进行材料参数设置。根据实际工程材料的特性，在 Properties of Outline Row 3：Structural Steel 表中按照如图 5-55 所示修改材料的特性。

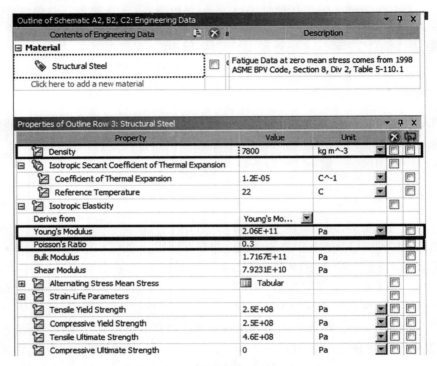

图 5-55　材料参数设置界面（4）

②关闭 A2：Engineering Data，返回到 ANSYS Workbench 主界面，材料库添加完毕。

③双击主界面项目管理区项目 A 的 A4 栏 Model 选项，进入 Mechanical 界面，在该界面下即可进行网格的划分、分析设置、结果观察等操作。

④选择 Mechanical 界面左侧 Outline 树结构图中 Geometry 选项下的 MAHUAZUAN，即可在 Details of "MAHUAZUAN" 细节窗口中给模型添加材料，如图 5-56 所示。

⑤单击细节窗口中 Material 下 Assignment 后 ▶ 按钮，将会出现设置的材料如图 5-57 所示，本例使用默认的 Structural Steel。

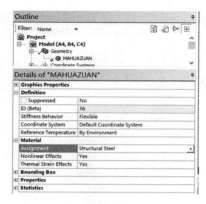

图 5-56　添加材料（3）

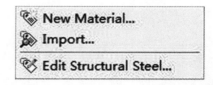

图 5-57　选择材料（3）

（4）划分网格

①选择 Outline 树结构中的 Mesh 选项，此时，可在 Details of "Mesh" 细节窗口中修改网格参数，如图 5-58 所示，本例采用默认设置。

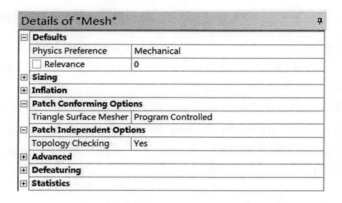

图 5-58　Details of "Mesh" 窗口（3）

②鼠标移至 Mesh 上并单击右键，在弹出的快捷菜单中选择 Insert-Method，选择麻花钻模型，在 Details of "Automatic Method" 细节窗口中的 Geometry 中单击 "Apply" 按钮，然后在 Method 中选择 Sweep，如图 5-59 所示。

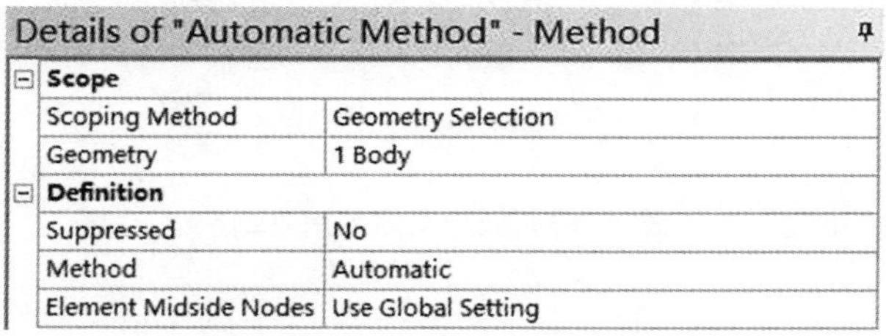

| Details of "Automatic Method" - Method | |
|---|---|
| **Scope** | |
| Scoping Method | Geometry Selection |
| Geometry | 1 Body |
| **Definition** | |
| Suppressed | No |
| Method | Automatic |
| Element Midside Nodes | Use Global Setting |

图 5-59　选择 Sweep 方法（2）

③鼠标移至 Mesh 上并单击右键，在弹出的快捷菜单中选择 Insert-Sizing，选择麻花

钻模型，在细节窗口中的 Geometry 中单击"Apply"按钮，然后在 Element Size 中设置单元尺寸为"1mm"，如图 5-60 所示。

④鼠标移至 Mesh 上并单击右键，在弹出的快捷菜单中选择 Generate Mesh 选项，即可生成如图 5-61 所示网格。

| Details of "Body Sizing" - Sizing | |
|---|---|
| **Scope** | |
| Scoping Method | Geometry Selection |
| Geometry | 1 Body |
| **Definition** | |
| Suppressed | No |
| Type | Element Size |
| ☐ Element Size | 2. mm |
| Behavior | Soft |

图 5-60　设置单元尺寸（3）　　　　图 5-61　划分网格结果（3）

（5）施加载荷及约束

①选择 Mechanical 界面左侧 Outline 中的 Static Structural 选项，将会出现 Environment 工具栏。

②选择 Environment 工具栏中的 Supports 下拉菜单中的 Displacement，将会在分析树中出现 Displacement 选项，选择 Displacement 选项，然后选择如图 5-62 所示约束面，在 Details of "Displacement" 细节窗口中的 Geometry 中单击"Apply"按钮，即可在麻花钻固定处施加固定约束。

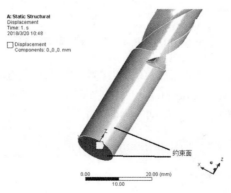

图 5-62　施加固定约束（2）

③选择 Environment 工具栏中的 Loads 下拉菜单中的 Force，将会在分析树中出现 Force 选项，选择 Force 选项，然后选择如图 5-63 所示麻花钻尖端横刃，在 Details of "Force" 细节窗口中的 Geometry 中单击"Apply"按钮，在 Define By 右侧选取 Components，在 Z Component 后输入"−3520（N）"。

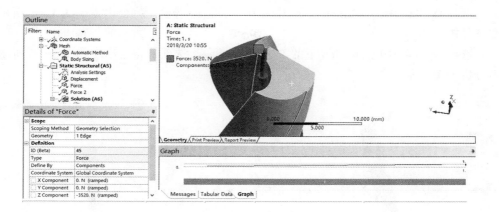

图 5-63　横刃施加载荷 (1)

④重复③中步骤，选取如图 5 – 64 所示侧刃，在 Z Component 后输入 "– 2340 (N)"，完成施加载荷。

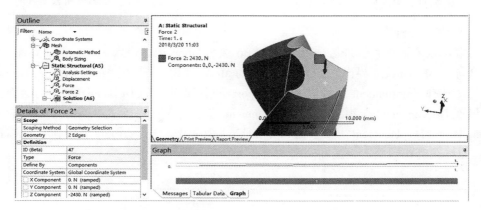

图 5-64　侧刃施加载荷 (1)

⑤鼠标移至 Outline 中的 Static Structural 选项上并单击右键，在弹出的快捷菜单中选择 Solve 选项。进度条将会显示求解进度，当求解完成后进度条自动消失。

（6）结果后处理

①选择 Mechanical 界面左侧 Outline 中的 Solution（A6）选项，将会出现 Solution 工具栏。（添加查看结果项目的过程在前几个例子中已进行了详细描述，且操作简单，下文便不再附操作过程图片）

②选择 Solution 工具栏中的 Deformation 下拉菜单中的 Total 选项，将会在分析树中出现 Total Deformation 选项。

③选择 Solution 工具栏中的 Stress 下拉菜单中的 Equivalent（von-Mises）选项，将会在分析树中出现 Equivalent Stress 选项。

④鼠标移至 Outline 中的 Solution 选项上并单击右键，在弹出的快捷菜单中选择 Evaluate All Results 选项。进度条将会显示求解进度，当求解完成后进度条自动消失。

⑤选择 Outline 中的 Solution 下的 Total Deformation 选项，将会出现如图 5-65 所示的总变形分析云图。

⑥选择 Outline 中的 Solution 下的 Equivalent Stress 选项，将会出现如图 5-66 所示的应力分析云图。

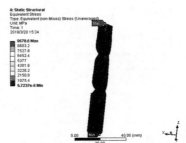

图 5-65　总变形分析云图（3）　　　　图 5-66　应力分析云图（3）

（7）模态分析

①双击主界面项目管理区项目 B 中的 B6 栏 Solution 项，进入 Mechanical 界面。

②选择 Mechanical 界面左侧 Outline 中的 Modal（B5）选项，将会出现 Environment 工具栏。选择 Environment 工具栏中的 Supports 下拉菜单中的 Displacement，将会在分析树中出现 Displacement 选项，选择 Displacement 选项，然后选择如图 5-67 所示约束面，在 Details of "Displacement" 细节窗口中的 Geometry 中单击 "Apply" 按钮，位移值为 "0"，即可在麻花钻固定处施加固定约束。

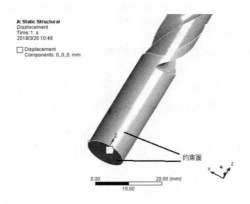

图 5-67　施加约束

③选择 Outline 结构树中的 Analysis Setting 选项，设置 Max Modes to Find 为 "6"，如图 5-68 所示。

| Details of "Analysis Settings" | 中 |
|---|---|
| □ **Options** | |
| Max Modes to Find | 6 |
| Limit Search to Range | No |
| □ **Solver Controls** | |
| Damped | No |
| Solver Type | Program Controlled |
| ⊞ **Rotordynamics Controls** | |
| ⊞ **Output Controls** | |
| ⊞ **Analysis Data Management** | |

图 5-68　设置模态分析选项（2）

④鼠标移至 Outline 结构树中的 Modal（B5）选项上并单击鼠标，在弹出的快捷菜单中选择 Solve，将会出现进度条，会显示求解进度，当求解完成后进度条消失，求解完成后得到的结果如图 5-69 所示。

| | Mode | ✔ Frequency[Hz] |
|---|---|---|
| 1 | 1. | 1836.6 |
| 2 | 2. | 2576.2 |
| 3 | 3. | 9097. |
| 4 | 4. | 10585 |
| 5 | 5. | 14987 |
| 6 | 6. | 23284 |

图 5-69　求解结果（2）

⑤用鼠标右键单击如图 5-69 所示的图表，选择弹出的快捷菜单 Select All，然后右键单击该图表，在弹出的快捷菜单中选择 Create Mode Shape Results 选项。在 Outline 结构树中的 Solution（B6）选项下将出现模态变形，如图 5-70 所示。

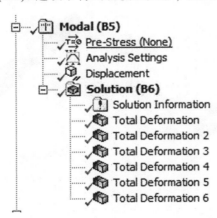

图 5-70　模态变形（2）

⑥鼠标移至 Outline 中的 Solution（B6）选项上并单击右键，在弹出的快捷菜单中选择 Evaluate All Results 选项。进度条将会显示求解进度，当求解完成后进度条自动消失。

⑦依次选择 Outline 中的 Solution（B6）下的 Total Deformation 选项，将会出现如图 5-71 所示的模态变形分析云图。

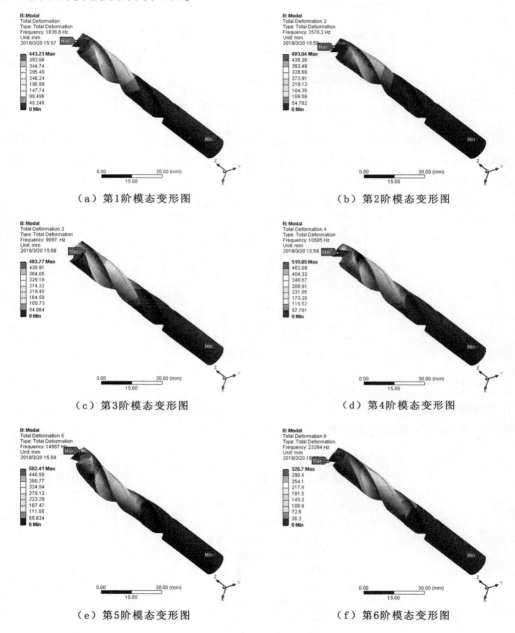

（a）第1阶模态变形图　　　　　　　　　　（b）第2阶模态变形图

（c）第3阶模态变形图　　　　　　　　　　（d）第4阶模态变形图

（e）第5阶模态变形图　　　　　　　　　　（f）第6阶模态变形图

**图 5-71　模态变形分析云图（2）**

（8）谐响应分析

①选择 Mechanical 界面左侧 Outline 树结构图中的 Harmonic Response（C5）选项，将会出现 Environment 工具栏。

②选择 Environment 工具栏中的 Loads 下拉菜单中的 Force，将会在分析树中出现 Force 选项，选择 Force 选项，然后选择如图 5-72 所示麻花钻尖端横刃，在 Details of "Force" 细节窗口中的 Geometry 中单击 "Apply" 按钮，在 Define By 右侧选取 Components，在 Z Component 后输入 "-3520（N）"。

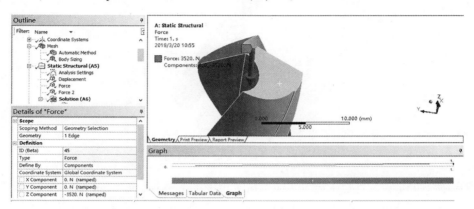

图 5-72　横刃施加载荷（2）

③重复②中步骤，选取如图 5-73 所示侧刃，在 Z Component 后输入 "-2340（N）"，完成施加载荷。

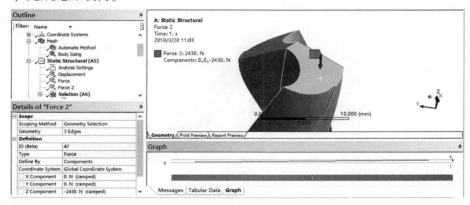

图 5-73　侧刃施加载荷（2）

④鼠标移至 Outline 结构树中的 Harmonic Response（C5）选项上并单击右键，在弹出的快捷菜单中选择 Solve，将会出现进度条，会显示求解进度，当求解完成后进度条消失。

⑤选择 Mechanical 界面左侧 Outline 中的 Solution（C6）选项，将会出现 Solution 工具栏。

⑥选择 Solution 工具栏中的 Deformation 下拉菜单中的 Total 选项，将会在分析树中

出现 Total Deformation 选项。鼠标移至 Total Deformation 选项上并单击右键，在弹出的快捷菜单中选择 Evaluate All Results 选项，求解后得到的图形如图 5-74 所示。

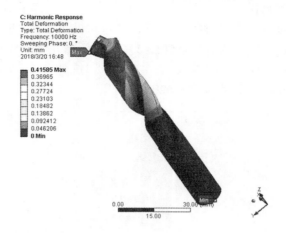

图 5-74　整体变形云图（1）

⑦选择 Solution 工具栏中的 Stress 下拉菜单中的 Equivalent（von-Mises）选项，将会在分析树中出现 Equivalent Stress 选项。鼠标移至 Equivalent Stress 选项上并单击右键，在弹出的快捷菜单中选择 Evaluate All Results 选项，求解后得到的图形如图 5-75 所示。

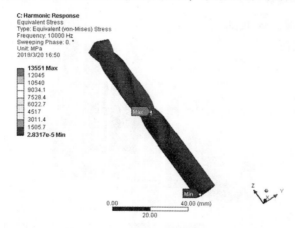

图 5-75　等效应力云图（1）

⑧选择 Solution 工具栏中的 Frequency Response 下拉菜单中 Deformation 选项，将会在分析树中出现 Frequency Response 选项。细节窗口按照如图 5-76 所示设置，并选择 3 条刃边，在 Geometry 项后单击"Apply"按钮。鼠标移至 Frequency Response 选项上并单击右键，在弹出的快捷菜单中选择 Evaluate All Results 选项，求解后得到的图形如图 5-77 所示。

| Details of "Frequency Response" | 🔲 |
|---|---|
| ⊟ **Scope** | |
| Scoping Method | Geometry Selection |
| Geometry | 3 Edges |
| Spatial Resolution | Use Average |
| ⊟ **Definition** | |
| Type | Directional Deformation |
| Orientation | Z Axis |
| Suppressed | No |
| ⊟ **Options** | |
| Frequency Range | Use Parent |
| Minimum Frequency | 0. Hz |
| Maximum Frequency | 10000 Hz |
| Display | Bode |
| ⊞ **Results** | |

图 5-76　细节窗口（1）

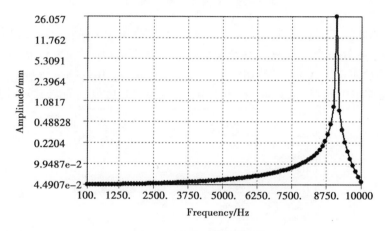

图 5-77　Z 向位移频率响应图

⑨选择 Solution 工具栏中的 Frequency Response 下拉菜单中 Deformation 选项，将会在分析树中出现 Frequency Response2 选项，细节窗口按照如图 5-78 所示设置，并选择 3 条刃边，在 Geometry 项后单击"Apply"按钮。鼠标移至 Frequency Response 选项上并单击右键，在弹出的快捷菜单中选择 Evaluate All Results 选项，求解后得到的图形如图 5-79 所示。

| ⊟ **Scope** | |
|---|---|
| Scoping Method | Geometry Selection |
| Geometry | 3 Edges |
| Spatial Resolution | Use Average |
| **Definition** | |
| Type | Directional Deformation |
| Orientation | X Axis |
| Suppressed | No |
| ⊟ **Options** | |
| Frequency Range | Use Parent |
| Minimum Frequency | 0. Hz |
| Maximum Frequency | 10000 Hz |
| Display | Bode |
| ⊞ **Results** | |

图 5-78　细节窗口（2）

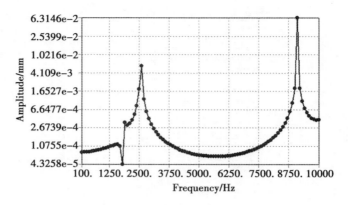

图 5-79  X 向位移频率响应图

⑩选择 Solution 工具栏中的 Phase Response 下拉菜单中 Deformation 选项，将会在分析树中出现 Phase Response 选项。细节窗口按照如图 5-80 所示设置，并选择 3 条刃边，在 Geometry 项后单击"Apply"按钮。鼠标移至 Frequency Response 选项上并单击右键，在弹出的快捷菜单中选择 Evaluate All Results 选项，求解后得到的图形如图 5-81 所示。

| Scope | |
| --- | --- |
| Scoping Method | Geometry Selection |
| Geometry | 3 Edges |
| Spatial Resolution | Use Average |
| Definition | |
| Type | Directional Deformation |
| Orientation | Z Axis |
| Suppressed | No |
| Options | |
| Frequency | 3400. Hz |
| Duration | 720. ° |
| Results | |

图 5-80  细节窗口（3）

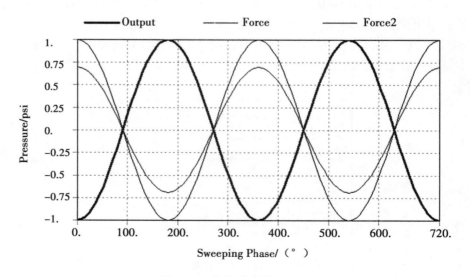

图 5-81  相位响应图（1）

（9）保存

①单击 Mechanical 界面右上角的"关闭"按钮，退出 Mechanical，返回到 ANSYS Workbench 主界面。此时，主界面项目管理区中显示的分析项目均已完成，如图 5-82 所示。

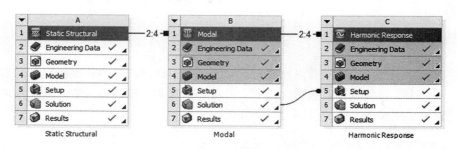

图 5-82　分析项目完成（2）

②在 ANSYS Workbench 主界面中单击工具栏中的"保存"按钮。

③单击右上角的"关闭"按钮，退出 ANSYS Workbench 主界面，完成项目分析。

## 5.4　本章小结

本章介绍了在 ANSYS Workbench 中进行的齿轮轴的静力学分析与模态分析、制动盘的热分析和麻花钻的模态及谐响应分析。静力学分析是有限元分析类型中简单的一种，读者可以通过学习该类型项目的分析来熟悉软件和分析流。模态分析与谐响应分析在结构动力学分析中具有很重要的地位，本章介绍的内容仅供初学者使用，若有更深的需求，请读者参考其他相关书籍。

# 第6章　装配体有限元分析

上一章介绍了一些零件的有限元分析过程，而本章将介绍一些装配体模型的有限元分析过程，其中，包括联轴器和车床刀架。希望通过这些介绍，读者能对装配体的有限元分析过程形成初步的了解，进而能够独立进行分析。

## 6.1　十字滑块联轴器装配体接触分析

### 6.1.1　实例概述

本例主要介绍十字滑块联轴器装配体的静力分析。先将十字滑块联轴器装配体模型保存为 stp 格式，然后导入 ANSYS Workbench，接着依次进行添加材料、划分网格、施加载荷及约束、求解，最后完成分析查看结果。

### 6.1.2　分析步骤

（1）启动 ANSYS Workbench 并建立分析项目

①在 Pro/ENGINEER 5.0 中将水杯模型保存副本为 coupling. stp。

②双击桌面上的 ANSYS Workbench 15.0 快捷方式启动，进入主界面。

③双击主界面 Toolbox（工具箱）中的 Analysis Systems-Static Structural（静态结构分析）命令，在项目管理区创建分析项目 A，如图 6-1 所示。

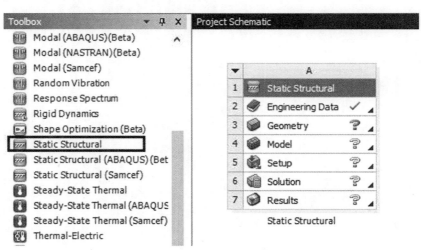

图 6-1　创建分析项目 A

（2）导入几何体

①鼠标移至 A3（Geometry）上并单击右键，在弹出的快捷菜单中选择"Import Geometry-Browse…"命令，如图 6-2 所示，系统将弹出"打开"对话框。

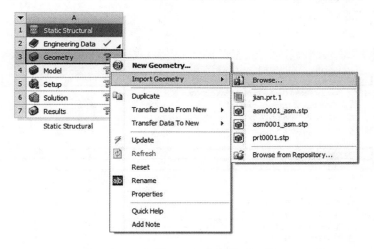

图 6-2　导入几何体文件（2）

②在弹出的"打开"对话框中选择文件路径，找到并单击 coupling. stp 文件，然后单击"打开"按钮，导入十字滑块联轴器装配体模型几何体文件。此时，A3（Geometry）后的问号变为对号，表示实体模型已经存在。

（3）添加材料

①双击项目 A 中的 A2（Engineering Data）选项，进入如图 6-3 所示的材料参数设置界面，在该界面下即可进行材料参数设置。

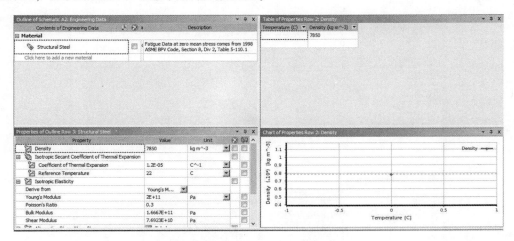

图 6-3　材料参数设置界面（5）

②根据实际工程材料的特性，在 Properties of Outline Row 3：Structural Steel 表中按照如图 6-4 所示修改材料的特性。

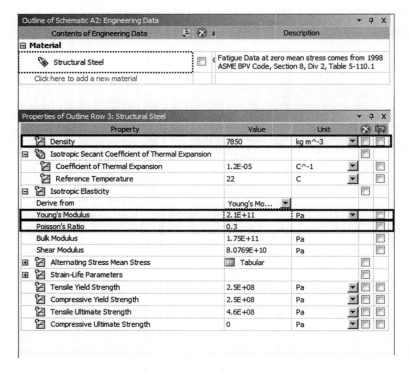

图 6-4　材料参数设置界面（6）

③关闭 A2：Engineering Data，返回到 ANSYS Workbench 主界面，材料库添加完毕。

④双击主界面项目管理区项目 A 的 A4 栏 Model 选项，进入如图 6-5 所示 Mechanical 界面，在该界面下即可进行网格的划分、分析设置、结果观察等操作。

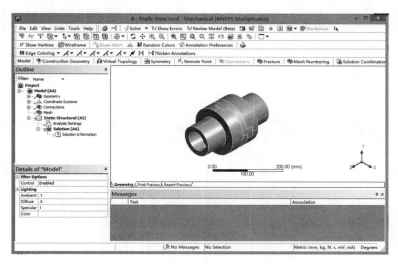

图 6-5　Mechanical 界面（3）

⑤选择 Mechanical 界面左侧 Outline 树结构图中 Geometry 选项下的 prt1，即可在 Details of "prt1" 细节窗口中给模型添加材料，如图 6-6 所示。

⑥单击细节窗口中 Material 下 Assignment 后 ▶ 按钮，将会出现设置的材料，如图 6-7所示，本例使用默认的 Structural Steel，Prt2 也使用默认的材料。

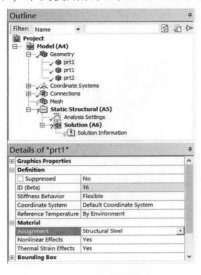

图 6-6　添加材料（4）

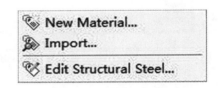

图 6-7　选择材料（4）

（4）设置接触

①右击 Mechanical 界面左侧 Outline 分析树中的 Connections-Contact 命令，如图 6-8 所示，在弹出的快捷菜单中选择 Delete 命令，删除默认的接触设置。

②选择 Mechanical 界面左侧 Outline 分析树中的 Connection 选项，将会弹出如图 6-9 所示的 Connections 工具栏。

图 6-8　删除默认设置

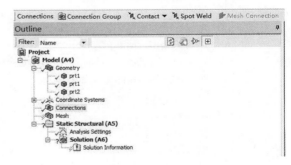

图 6-9　接触工具栏

③选择 Connections 工具栏中的 Contact-Frictional 命令，此时，在 Connections 下面出现 Frictional-No Selection To No Selection 图标。

④单击 Frictional-No Selection To No Selection 图标，在细节窗口中设置 Friction Coefficient 为 "0.1"。选择 prt2 上的接触面，单击 Contact 后再单击 "Apply" 按钮。选择两个 prt1 上的接触面，单击 Target 后，再单击 "Apply" 按钮。细节窗口设置和得到

的设置示意图如图 6-10 所示。

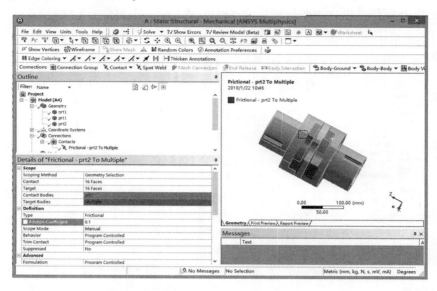

图 6-10　设置接触

（5）划分网格

①选择 Outline 树结构中的 Mesh 选项，即可在 Details of "Mesh" 细节窗口中修改网格参数，设定 Relevance 为 "40"，如图 6-11 所示。

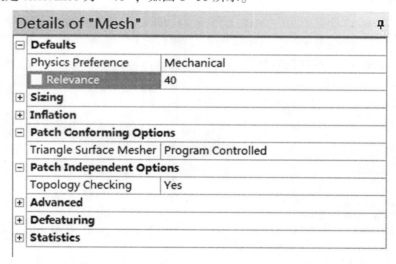

图 6-11　Details of "Mesh" 窗口（4）

②鼠标移至 Mesh 上并单击右键，在弹出的快捷菜单中选择 Insert-Method，如图 6-12所示，选择所有模型，在 Details of "Automatic Method" 细节窗口中的 Geometry 中单击 "Apply" 按钮，然后在 Method 中选择 Automatic，如图 6-13 所示。

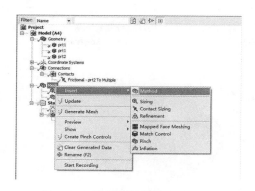

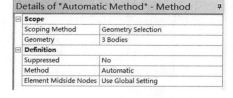

图 6-12　设置划分网格方法（2）　　　　　　图 6-13　选择 Automatic 方法

③鼠标移至 Mesh 上并单击右键，在弹出的快捷菜单中选择 Insert-Sizing，选择十字滑块联轴器装配体模型，在细节窗口中的 Geometry 中单击"Apply"按钮，然后在 Element Size 中设置单元尺寸为"2mm"，如图 6-14 所示。

④鼠标移至 Mesh 上并单击右键，在弹出的快捷菜单中选择 Generate Mesh 选项，生成如图 6-15 所示网格。

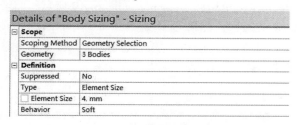

图 6-14　设置单元尺寸（4）　　　　　　图 6-15　划分网格结果（4）

（6）施加载荷及约束

①选择 Mechanical 界面左侧 Outline 中的 Static Structural 选项，将会出现如图 6-16 所示的 Environment 工具栏。

②选择 Environment 工具栏中的 Supports 下拉菜单中的 Fixed Support，将会在分析树中出现 Fixed Support 选项，选择 Fixed Support 选项，如图 6-17 所示。选择如图 6-18 所示平面，在 Details of "Fixed Support" 细节窗口中的 Geometry 中单击"Apply"按钮，如图 6-18 所示。在十字滑块联轴器端面施加固定约束。

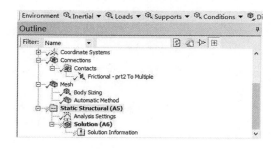

图 6-16　Environment 工具栏（2）　　　　　图 6-17　添加固定约束

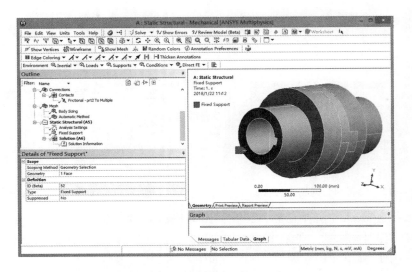

图6-18　固定圆柱面约束结果（3）

③选择 Environment 工具栏中的 Loads 下拉菜单中的 Moment，如图6-19所示，将会在分析树中出现 Moment 选项，选择 Moment 选项，然后选择如图6-20所示曲面，在 Details of "Moment" 细节窗口中的 Geometry 中单击 "Apply" 按钮，在 Magnitude 右侧输入 "120000N·mm（转矩）"，定义方向如图6-20所示，完成转矩设置。

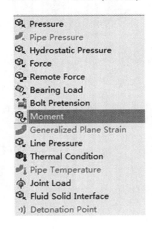

图6-19　添加转矩

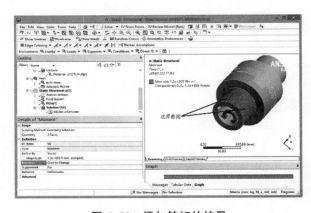

图6-20　添加转矩的结果

④鼠标移至 Outline 中的 Static Structural 选项上并单击右键，在弹出的快捷菜单中选择 Solve 选项，如图6-21所示。进度条将会显示求解进度，当求解完成后进度条自动消失。

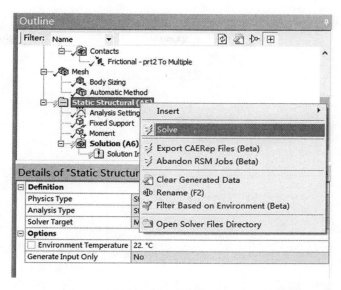

图 6-21　求解（3）

（7）结果后处理

①选择 Mechanical 界面左侧 Outline 中的 Solution 选项，将会出现如图 6-22 所示的 Solution 工具栏。

②选择 Solution 工具栏中的 Deformation 下拉菜单中的 Total 选项，如图 6-23 所示，将会在分析树中出现 Total Deformation 选项。

图 6-22　Solution 工具栏（2）

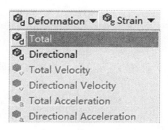

图 6-23　添加变形图（2）

③选择 Solution 工具栏中的 Stress 下拉菜单中的 Equivalent（von-Mises）选项，如图 6-24 所示，将会在分析树中出现 Equivalent Stress 选项。

④鼠标移至 Outline 中的 Solution 选项上并单击右键，在弹出的快捷菜单中选择

Evaluate All Results 选项，如图 6-25 所示。进度条将会显示求解进度，当求解完成后进度条自动消失。

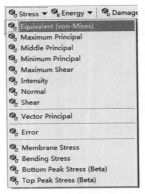

图 6-24　添加等效应力选项（2）

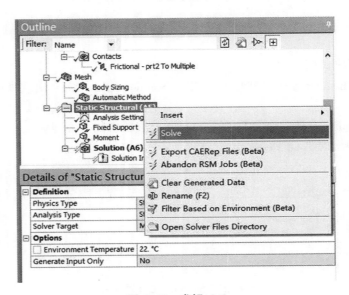

图 6-25　求解（4）

⑤选择 Outline 中的 Solution 下的 Total Deformation 选项，将会出现如图 6-26 所示的总变形分析云图。

⑥选择 Outline 中的 Solution 下的 Equivalent Stress 选项，将会出现如图 6-27 所示的应力分析云图。

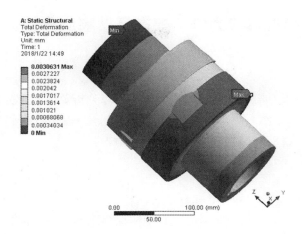

图 6-26　总变形分析云图（4）

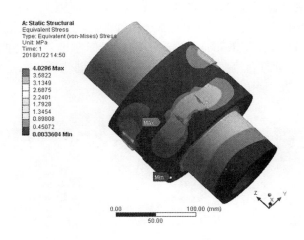

图 6-27　应力分析云图（4）

（8）保存

①单击 Mechanical 界面右上角的"关闭"按钮，退出 Mechanical，返回到 ANSYS Workbench 主界面。此时，主界面项目管理区中显示的分析项目均已完成。

②在 ANSYS Workbench 主界面中单击工具栏中的"保存"按钮。

③单击右上角的"关闭"按钮，退出 ANSYS Workbench 主界面，完成项目分析。

## 6.2 车床刀架装配体静力学、模态及谐响应分析

### 6.2.1 实例概述

本例主要介绍车床刀架装配体的静力分析、模态分析及谐响应分析。先将刀架装配体模型保存为 stp 格式，然后导入 ANSYS Workbench，接着依次进行添加材料、划分网格、施加载荷及约束、求解，最后完成分析查看结果。

### 6.2.2 分析步骤

（1）启动 ANSYS Workbench 并建立分析项目

①在 Pro/ENGINEER 5.0 中车床刀架装配体保存副本为 toolcarrier. stp。

②双击桌面上的 ANSYS Workbench 15.0 快捷方式启动，进入主界面。

③双击主界面 Toolbox（工具箱）中的 "Analysis Systems-Static Structural（静态结构分析）" 命令，在项目管理区创建分析项目 A，按住鼠标左键，将工具箱中的 Model 选项拖拽到项目管理区中，当项目 A 的 Model 选项红色高亮显示时，放开鼠标并创建项目 B，选中工具箱中的 Harmonic Response 选项，按住鼠标左键将其拖拽到项目管理区中，当项目 B 的 Solution 选项红色高亮显示时，放开鼠标并创建项目 C，此时，相关联项的数据可共享，如图 6-28 所示。

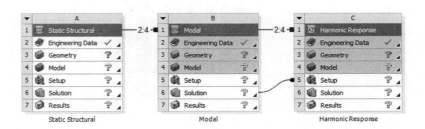

**图 6-28　创建分析项目 A、B 和 C（2）**

（2）导入几何体

①鼠标移至 A3（Geometry）上并单击右键，在弹出的快捷菜单中选择 "Import Geometry-Browse…" 命令，系统将弹出 "打开" 对话框。

②在弹出的 "打开" 对话框中选择文件路径，找到并单击 toolcarrier. stp 文件，然后单击 "打开" 按钮，导入制动盘几何体文件。此时，A3（Geometry）后的问号变为对号，表示实体模型已经存在。

（3）添加材料

①双击项目 A 中的 A2（Engineering Data）选项，进入材料参数设置界面，在该界面下即可进行材料参数设置。根据实际工程材料的特性，在 Properties of Outline Row 3: Structural Steel 表中按照如图 6-29 所示修改材料的特性。

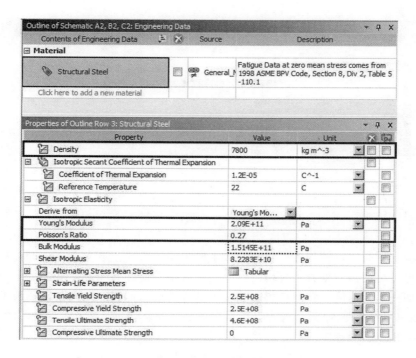

**图 6-29　材料参数设置界面（7）**

②单击 Outline of SchematicA2，B2，C2：Engineering Data 表中 Structural Steel 下方的 Click here to add a new material 添加新材料。输入材料名"WC"，然后双击左侧 toolbox 中的 Physical Properties 下的 Density 选项。双击 Linear Elasticity 下的 Isotropic Elasticity 选项，按照如图 6-30 所示设置参数。

**图 6-30　新建材料 WC**

③单击 Outline of SchematicA2，B2，C2：Engineering Data 表中 Structural Steel 下方的 Click here to add a new material 添加新材料。输入材料名"IR"，然后双击左侧 toolbox 中的 Physical Properties 下的 Density 选项。双击 Linear Elasticity 下的 Isotropic Elasticity 选项，按照如图 6-31 所示设置参数。

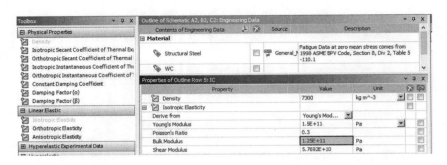

图 6-31　新建材料 IR

④关闭 A2，B2，C2：Engineering Data，返回到 ANSYS Workbench 主界面，材料库添加完毕。

⑤双击主界面项目管理区项目 A 的 A4 栏 Model 选项，进入 Mechanical 界面，在该界面下即可进行网格的划分、分析设置、结果观察等操作。

⑥为加快运算速度，将对结果影响不大的零件进行抑制，即选取手柄、不与车刀接触的螺栓、4 个钢球和弹簧，然后单击鼠标右键，如图 6-32 所示。在弹出的菜单中选取 Suppress Body，结果如图 6-33 所示。

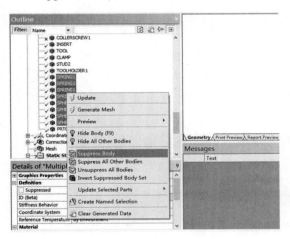

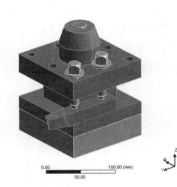

图 6-32　抑制零件

图 6-33　抑制结果

⑦选择 Mechanical 界面左侧 Outline 树结构图中 Geometry 选项下的 Tool，即可在细节窗口中给模型添加材料，单击细节窗口中 Material 下 Assignment 后 ▶ 按钮，将会出现设置的材料（如图 6-34 所示），选择 Structural Steel。

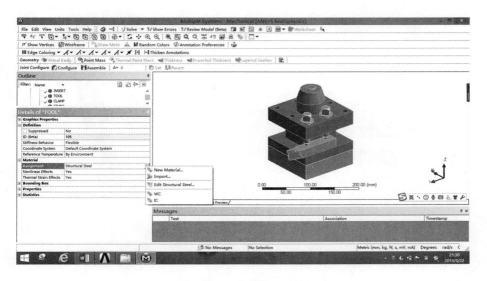

图 6-34　选择材料（5）

⑧重复⑦中的步骤并给刀片添加材料 WC，然后给其余零件都添加材料 IC。

（4）划分网格

①选择 Outline 树结构中的 Mesh 选项，此时，可在 Details of "Mesh" 细节窗口中修改网格参数，如图 6-35 所示。本例采用默认设置。

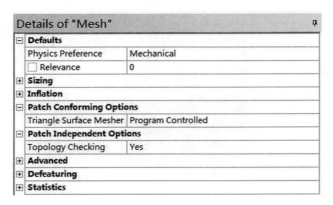

图 6-35　Details of "Mesh" 窗口（5）

②鼠标移至 Mesh 上并单击右键，在弹出的快捷菜单中选择 Insert-Method，在模型窗口单击鼠标右键，在弹出的菜单中选取 Select All，在 Details of "Automatic Method" 细节窗口中的 Geometry 中单击 "Apply" 按钮，如图 6-36 所示。

③鼠标移至 Mesh 上并单击右键，在弹出的快捷菜单中选择 Generate Mesh 选项，生成如图 6-37 所示网格。

| Details of "Automatic Method" - Method | |
|---|---|
| ⊟ **Scope** | |
| Scoping Method | Geometry Selection |
| Geometry | 8 Bodies |
| ⊟ **Definition** | |
| Suppressed | No |
| Method | Automatic |
| Element Midside Nodes | Use Global Setting |

图6-36　选择划分网格方法　　　　　　　　图6-37　划分网格结果（5）

（5）施加载荷及约束

①选择 Mechanical 界面左侧 Outline 中的 Static Structural 选项，将会出现 Environment 工具栏。

②选择 Environment 工具栏中的 Supports 下拉菜单中的 Fixed Support，将会在分析树中出现 Fixed Support 选项，选择 Fixed Support 选项，然后选择如图6-38所示刀架底部4个孔内表面作为约束面，在 Details of "Fixed Support" 细节窗口中的 Geometry 中单击 "Apply" 按钮，即可在刀架固定处施加固定约束。

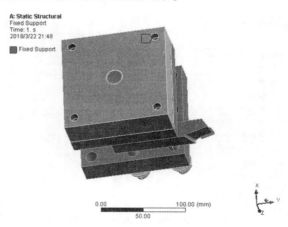

图6-38　施加固定约束（3）

③选择 Environment 工具栏中的 Loads 下拉菜单中的 Force，将会在分析树中出现 Force 选项，选择 Force 选项，然后选择如图6-39所示刀尖切割部圆弧，在 Details of "Force" 细节窗口中的 Geometry 中单击 "Apply" 按钮，方向如图6-39所示，输入力大小 "250（N）"。

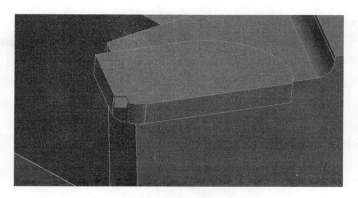

图 6-39　施加载荷（1）

④鼠标移至 Outline 中的 Static Structural 选项上并单击右键，在弹出的快捷菜单中选择 Solve 选项。进度条会显示求解进度，当求解完成后进度条自动消失。

（6）结果后处理

①选择 Mechanical 界面左侧 Outline 中的 Solution（A6）选项，将会出现 Solution 工具栏。

②选择 Solution 工具栏中的 Deformation 下拉菜单中的 Total 选项，将会在分析树中出现 Total Deformation 选项。

③选择 Solution 工具栏中的 Stress 下拉菜单中的 Equivalent（von-Mises）选项，将会在分析树中出现 Equivalent Stress 选项。

④鼠标移至 Outline 中的 Solution 选项上并单击右键，在弹出的快捷菜单中选择 Evaluate All Results 选项。进度条将会显示求解进度，当求解完成后进度条自动消失。

⑤选择 Outline 中的 Solution 下的 Total Deformation 选项，将会出现如图 6-40 所示的总变形分析云图。

⑥选择 Outline 中的 Solution 下的 Equivalent Stress 选项，将会出现如图 6-41 所示的应力分析云图。

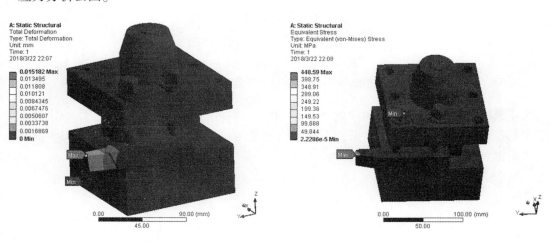

图 6-40　总变形分析云图（5）　　　　　图 6-41　应力分析云图（5）

（7）模态分析

①双击主界面项目管理区项目 B 中的 B6 栏 Solution 项，进入 Mechanical 界面。

②选择 Mechanical 界面左侧 Outline 中的 Modal（B5）选项，将会出现 Environment 工具栏。选择 Environment 工具栏中的 Supports 下拉菜单中的 Fixed Support，将会在分析树中出现 Fixed Support 选项，选择 Fixed Support 选项，然后选择如图 6-42 所示刀架底部 4 个孔内表面作为约束面，在 Details of "Fixed Support" 细节窗口中的 Geometry 中单击 "Apply" 按钮，即可在刀架固定处施加固定约束。

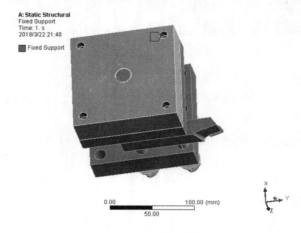

图 6-42　施加固定约束（4）

③选择 Outline 结构树中的 Analysis Setting 项，设置 Max Modes to Find 为 "6"，如图 6-43 所示。

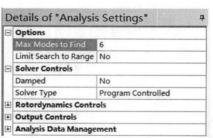

图 6-43　设置模态分析选项（3）

④鼠标移至 Outline 结构树中的 Modal（B5）选项上并单击右键，在弹出的快捷菜单中选择 Solve，将会出现进度条，会显示求解进度，当求解完成后进度条消失，求解完成后得到的结果如图 6-44 所示。

| | Mode | Frequency [Hz] |
|---|---|---|
| 1 | 1. | 1795.2 |
| 2 | 2. | 1854.7 |
| 3 | 3. | 3217.1 |
| 4 | 4. | 3538.2 |
| 5 | 5. | 4881.3 |
| 6 | 6. | 5068.1 |

图 6-44　求解结果（3）

⑤用鼠标右键单击如图 6-44 所示的图表，选择弹出的快捷菜单 Select All，然后右键单击该图表，在弹出的快捷菜单中选择 Create Mode Shape Results 选项。在 Outline 结构树中的 Solution（B6）选项下将出现模态变形，如图 6-45 所示。

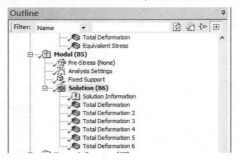

图 6-45　模态变形（3）

⑥鼠标移至 Outline 中的 Solution（B6）选项上并单击右键，在弹出的快捷菜单中选择 Evaluate All Results 选项。进度条将会显示求解进度，当求解完成后进度条自动消失。

⑦依次选择 Outline 中的 Solution（B6）下的 Total Deformation 选项，将会出现如图 6-46 所示的模态变形分析云图。

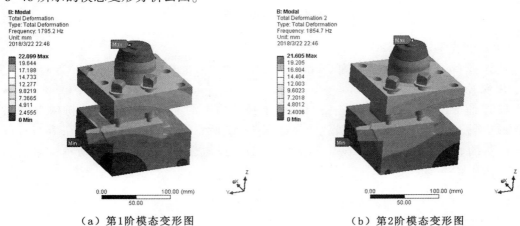

（a）第1阶模态变形图　　　　　　　　　（b）第2阶模态变形图

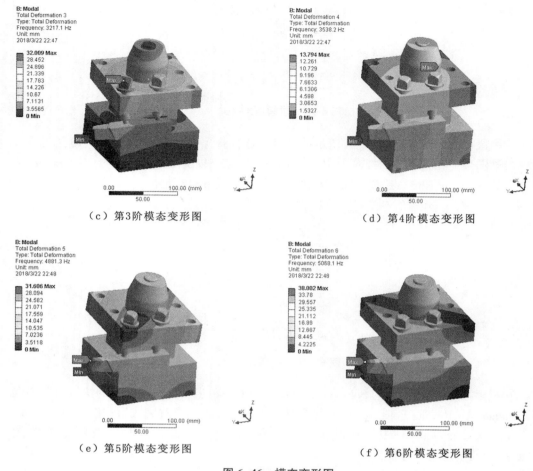

（c）第3阶模态变形图　　　　　　　　（d）第4阶模态变形图

（e）第5阶模态变形图　　　　　　　　（f）第6阶模态变形图

图 6-46　模态变形图

（8）谐响应分析

①选择 Mechanical 界面左侧 Outline 树结构图中的 Harmonic Response（C5）选项，将会出现 Environment 工具栏。

②选择 Environment 工具栏中的 Loads 下拉菜单中的 Force，将会在分析树中出现 Force 选项，选择 Force 选项，然后选择如图 6-47 所示刀尖切割部圆弧，在 Details of "Force" 细节窗口中的 Geometry 中单击 "Apply" 按钮，方向如图 6-47 所示，输入力大小 "250（N）"。

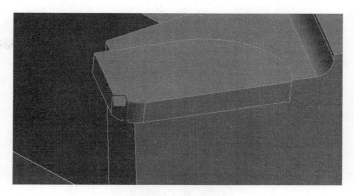

**图 6-47　施加载荷（2）**

③鼠标移至 Outline 结构树中的 Harmonic Response（C5）选项上并单击右键，在弹出的快捷菜单中选择 Solve，将会出现进度条，会显示求解进度，当求解完成后进度条消失。

④选择 Mechanical 界面左侧 Outline 中的 Solution（C6）选项，将会出现 Solution 工具栏。

⑤选择 Solution 工具栏中的 Deformation 下拉菜单中的 Total 选项，将会在分析树中出现 Total Deformation 选项。鼠标移至 Total Deformation 选项上并单击右键，在弹出的快捷菜单中选择 Evaluate All Results 选项，求解后得到的图形如图 6-48 所示。

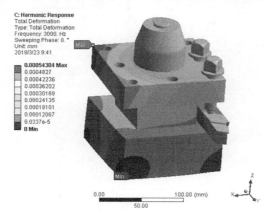

**图 6-48　整体变形云图（2）**

⑥选择 Solution 工具栏中的 Stress 下拉菜单中的 Equivalent（von-Mises）选项，将会在分析树中出现 Equivalent Stress 选项。鼠标移至 Equivalent Stress 选项上并单击右键，在弹出的快捷菜单中选择 Evaluate All Results 选项，求解后得到的图形如图 6-49 所示。

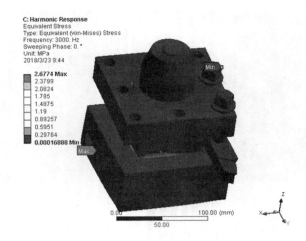

图 6-49 等效应力云图 (2)

⑦选择 Solution 工具栏中的 Frequency Response 下拉菜单中 Deformation 选项，将会在分析树中出现 Frequency Response 选项。细节窗口按照如图 6-50 所示设置，并选择施加力的圆弧边，在 Geometry 项后单击 "Apply" 按钮。鼠标移至 Frequency Response 选项上并单击右键，在弹出的快捷菜单中选择 Evaluate All Results 选项，求解后得到的图形如图 6-51 所示。

| Details of "Frequency Response" | |
|---|---|
| **Scope** | |
| Scoping Method | Geometry Selection |
| Geometry | 1 Edge |
| Spatial Resolution | Use Average |
| **Definition** | |
| Type | Directional Deformation |
| Orientation | Z Axis |
| Suppressed | No |
| **Options** | |
| Frequency Range | Use Parent |
| Minimum Frequency | 0. Hz |
| Maximum Frequency | 3000. Hz |
| Display | Bode |
| **Results** | |

图 6-50 细节窗口 (4)

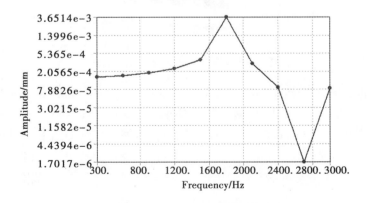

图 6-51 Z 向位移频率响应图

⑧选择 Solution 工具栏中的 Phase Response 下拉菜单中 Deformation 选项，将会在分析树中出现 Phase Response 选项。细节窗口按照如图 6-52 所示设置，并选择施加力的圆弧边，在 Geometry 项后单击"Apply"按钮。鼠标移至 Frequency Response 选项上并单击右键，在弹出的快捷菜单中选择 Evaluate All Results 选项，求解后得到的图形如图6-53所示。

| Details of "Phase Response" | | 무 |
|---|---|---|
| ☐ **Scope** | | |
| Scoping Method | Geometry Selection | |
| Geometry | 1 Edge | |
| Spatial Resolution | Use Average | |
| ☐ **Definition** | | |
| Type | Directional Deformation | |
| Orientation | X Axis | |
| Suppressed | No | |
| ☐ **Options** | | |
| Frequency | 1000. Hz | |
| Duration | 720. ° | |
| ☐ **Results** | | |

图 6-52  细节窗口（5）

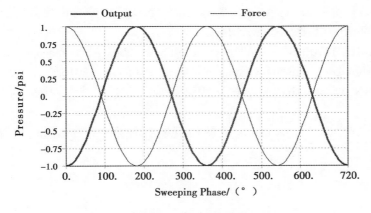

图 6-53  相位响应图（2）

（9）保存

①单击 Mechanical 界面右上角的"关闭"按钮，退出 Mechanical，返回到 ANSYS Workbench 主界面。此时，主界面项目管理区中显示的分析项目均已完成。

②在 ANSYS Workbench 主界面中单击工具栏中的"保存"按钮。

③单击右上角的"关闭"按钮，退出 ANSYS Workbench 主界面，完成项目分析。

## 6.3  本章小结

本章介绍了装配体的有限元分析过程，其中包括接触分析、静力学分析、模态分析及谐响应分析，对操作过程进行了详细描述。谐响应分析着重于频率范围内的激励下结构的响应状况，有助于读者了解系统频率响应特性。

# 参考文献

[1]　周源 . Pro/E Wildfire 5.0 三维设计基础教程[M]. 合肥:合肥工业大学出版社,2016.

[2]　祝凌云,李斌 . Pro/ENGINEER 运动仿真和有限元分析[M]. 北京:人民邮电出版社,2004.

[3]　詹友刚 . Pro/ENGINEER 中文野火版教程:零件设计范例[M]. 北京:清华大学出版社,2004.

[4]　张继春 . Pro/ENGINEER Wildfire 结构分析[M]. 北京:机械工业出版社,2004.

[5]　黄志新 . ANSYS Workbench 16.0 超级学习手册[M]. 北京:人民邮电出版社,2016.

[6]　北京兆迪科技有限公司 . ANSYS Workbench 15.0 结构分析快速入门、进阶与精通[M]. 北京:电子工业出版社,2016.

[7]　KAREEM H, HABEEB L, NATIK N. ANSYS workbench for mechanical engineering[M]. Saarbrücken,Germany:Lamber Academic Publishing,2016.

[8]　刘笑天 . ANSYS Workbench 结构工程高级应用[M]. 沈阳:中国水利水电出版社,2015.

[9]　刘江 . ANSYS 14.5 Workbench 机械仿真实例详解[M]. 北京:机械工业出版社,2015.